옥효진쌤의 하루 한 장! 경제 공부 첫걸음

초등 경제용어 365 일력

옥효진 지음

베스트셀러 《세금 내는 아이들》 저자

★★★ 교과서 기초 경제용어 수록

tvN 〈유 퀴즈 온 더 블럭〉 화제의 교사

매일경제신문사

지은이 소개

옥효진 선생님

2011년 부산교육대학교 초등교육학과를 졸업하고, 부산에서 13년째 아이들과 함께 생활하고 있는 초등학교 교사예요. 삶에서 꼭 필요한 경제 지식이 부족하다는 생각이 든 순간부터 아이들에게 경제에 대해 가르쳐야겠다고 마음먹었습니다. 2019년부터 교실 속에서 직접 경험하며 배우는 '학급 화폐 활동'을 통해 아이들에게 경제를 가르치고 있으며, 이 활동을 소개하는 16만 구독자의 '세금내는아이들'이라는 유튜브 채널을 운영 중이에요. 제 교실에서 함께하지 못하는 아이들을 위해 《세금 내는 아이들》《세금 내는 아이들의 생생 경제 교실》《옥효진 선생님의 경제 개념 사전》 등 아이들의 경제 공부를 위한 책을 쓰는 작가로도 활동 중입니다.

유튜브 세금내는아이들

인스타그램 @okyo_11

초등 경제용어 일력 365

초판 1쇄 2023년 11월 1일

지은이 옥효진
펴낸이 최경선
편집장 유승현 **편집3팀장** 김민보

책임편집 장아름
마케팅 김성현 한동우 구민지
경영지원 김민화 오나리
디자인 이은설

펴낸곳 매경출판㈜
등록 2003년 4월 24일(No. 2-3759)
주소 (04557) 서울시 중구 충무로 2 (필동1가) 매일경제 별관 2층 매경출판㈜
홈페이지 www.mkpublish.com **스마트스토어** smartstore.naver.com/mkpublish
페이스북 @maekyungpublishing **인스타그램** @mkpublishing
전화 02)2000-2611(기획편집) 02)2000-2646(마케팅) 02)2000-2606(구입 문의)
팩스 02)2000-2609 **이메일** publish@mkpublish.co.kr
인쇄 · 제본 창 미디어 070)8935-1879
ISBN 979-11-6484-616-0(12590)

프롤로그

우리가 생활 속에서 사용하는 물건들, 타고 다니는 교통수단들, 배를 채우기 위해 먹는 음식들 모두 '돈'이 있어야 사용하거나 먹을 수 있어요. 어떻게 보면 우리가 살아가며 마주치는 모든 것들이 돈, 조금 어려운 말로는 '경제'와 관련 있다고 볼 수 있죠. 경제는 우리와 평생을 함께하는 친구라고 할 수 있습니다. 그런데 경제라는 친구는 늘 우리와 가까운 곳에 있지만 다가가기 망설여지기도 해요. 어려운 말을 많이 사용하기 때문이죠. 그래서 때로는 경제가 하는 말이 잘 이해되지 않기도 합니다. 하지만 평생을 함께할 친구라면 그 친구가 하는 말에 귀 기울여보는 건 어떨까요? 경제라는 친구가 사용하는 말이 어떤 뜻을 가지고 있는지 이 책을 통해 하나씩 알아가면서 말이에요.

여러분은 경제라는 말을 들었을 때 어떤 단어들이 떠오르나요? 또 몇 개의 단어가 떠오르나요? 이 책에서는 하루에 하나씩, 총 365개의 경제용어들을 만날 수 있어요. 경제용어를 하나씩 알아간다는 것

ㅈ

ㅊ

ㅌ

은 마치 게임에서 필요한 아이템을 하나씩 모아가는 것과 같아요. 이 책을 통해 경제 활동에 필요한 아이템을 하나씩 모아가며 여러분의 경제 능력치와 경험치를 쑥쑥 키워갔으면 좋겠어요. 하루에 하나씩 경제용어를 머릿속에 저축하다 보면 들리지 않던 경제 이야기가 귀에 쏙쏙 들리고 어느새 머릿속에 가득 찬 경제용어들을 발견할 수 있을 거예요. 저축한 돈에 이자가 붙듯이 알고 있는 경제용어들이 늘어나면 경제를 보는 눈도 더 생기게 될 것입니다.

모두가 경제와 친한 친구가 될 수 있길 바랄게요. 그리고 여러분이 자신 있게 경제라는 친구를 다른 사람에게도 알려줄 수 있길 기대하겠습니다.

옥효진

《초등 경제용어 일력 365》 한눈에 살펴보기 I

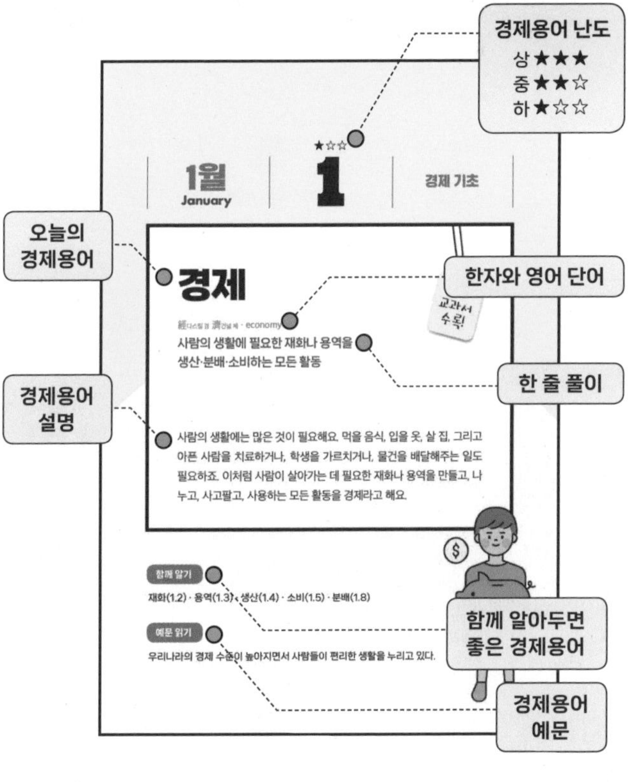

경제용어 난도
상 ★★★
중 ★★☆
하 ★☆☆

★☆☆

1월 January | 1 | 경제 기초

오늘의 경제용어

경제

교과서 수록!

한자와 영어 단어

經 다스릴 경 濟 건널 제 · economy

한 줄 풀이

사람의 생활에 필요한 재화나 용역을 생산·분배·소비하는 모든 활동

경제용어 설명

사람의 생활에는 많은 것이 필요해요. 먹을 음식, 입을 옷, 살 집, 그리고 아픈 사람을 치료하거나, 학생을 가르치거나, 물건을 배달해주는 일도 필요하죠. 이처럼 사람이 살아가는 데 필요한 재화나 용역을 만들고, 나누고, 사고팔고, 사용하는 모든 활동을 경제라고 해요.

함께 알기

재화(1.2) · 용역(1.3) · 생산(1.4) · 소비(1.5) · 분배(1.8)

함께 알아두면 좋은 경제용어

예문 읽기

우리나라의 경제 수준이 높아지면서 사람들이 편리한 생활을 누리고 있다.

경제용어 예문

찾아보기

《초등 경제용어 일력 365》 한눈에 살펴보기 II

매달 마지막에 나오는
복습 퀴즈

1월 퀴즈

1. 우리나라의 □□ 수준이 높아지면서 사람들이 편리한 생활을 누리고 있다. (1.1)
2. 백화점에서는 다양한 □□ 들을 판매한다. (1.2)
3. 우리 회사는 친환경 제품을 전문적으로 □□ 한다. (1.4)
4. 불필요한 □□ 를 줄여 돈을 저축하고 있다. (1.5)
5. 여름이 되어 날씨가 더워지면서 시원한 생수를 찾는 □□ 가 늘어나고
6. 대기 오염이 심해지면서 깨끗한 공기의 □□□ 이 높아지고 있다. (1.9)
7. 2022년 기준 우리나라 68세 근로자들의 월평균 □□ □□ 은 180만 원으로 나타났다. (1.20)
8. 치킨 가게 사장님, 문구점 사장님 모두 □□ □□ 을 얻고 있다. (1.21)
9. 그는 근로 소득보다 주식 투자로 얻는 □□ □□ 이 더 많다. (1.22)
10. 오랜 □□ □□ 때문에 국가의 경제 상황이 나빠지고 있다. (1.30)

각 경제용어
예문을 활용한
빈칸 채우기

정답 경제용어 날짜

12월 퀴즈

1. 세계 여러 국가는 □□ 을 통해 서로 필요한 물건을 거래한다. (12.1)

2. 우리나라가 □□ □□ 를 갖고 있는 제품을 찾아 개발하려는 전략이 필요하다. (12.2)

3. 우리나라 김은 해외에서 인기가 좋아 매년 □□ 되는 양이 늘어나고 있다. (12.4)

4. A카페는 □□ □□ 으로 거래한 커피콩으로 만든 음료를 판매한다. (12.9)

5. 사우디아라비아는 자기 국가의 산업 발전에 엄청난 □□□□ 를 투자하고 있다. (12.14)

6. 음주 운전을 해서 사고가 나면 국가에 □□ 을 내거나 징역을 살게 될 수도 있다. (12.16)

7. 오랜 연구 끝에 개발한 화장품의 □□ 를 받았다. (12.21)

8. 돈을 내지 않고 불법으로 영화를 다운로드받는 것은 □□□ 을 침해하는 행동이다. (12.22)

9. 부동산 매매 □□□ 를 꼼꼼히 읽어보고 계약을 맺었다. (12.24)

10. 두 사람은 계약서에 □□ 을 하고 계약 내용을 지키기로 약속했다. (12.27)

1월
경제 기초

★★☆

12월 December

31

무역 / 법

보이스피싱

voice phishing

전화를 걸어 주로 금융 기관이라고 속이고 상대방의 금융 정보를 빼내는 범죄

보이스피싱은 전화를 걸어 가족이나 경찰, 금융 기관인 척하면서 상대방의 계좌번호와 비밀번호 등의 금융 정보 또는 개인 정보를 알아내 돈을 빼내거나 다른 나쁜 일에 이용하는 범죄예요. 전화로 모르는 사람이 본인의 금융 정보나 개인 정보를 물어보면 절대 알려주면 안 돼요.

예문 읽기

보이스피싱이 의심되는 전화를 받았을 때는 경찰에 알리는 것이 좋다.

경제

經다스릴 경 濟건널 제 · economy

사람의 생활에 필요한 재화나 용역을 생산·분배·소비하는 모든 활동

사람의 생활에는 많은 것이 필요해요. 먹을 음식, 입을 옷, 살 집, 그리고 아픈 사람을 치료하거나, 학생을 가르치거나, 물건을 배달해주는 일도 필요하죠. 이처럼 사람이 살아가는 데 필요한 재화나 용역을 만들고, 나누고, 사고팔고, 사용하는 모든 활동을 경제라고 해요.

함께 알기

재화(1.2) · 용역(1.3) · 생산(1.4) · 소비(1.5) · 분배(1.8)

예문 읽기

우리나라의 경제 수준이 높아지면서 사람들이 편리한 생활을 누리고 있다.

★★★

12월 December | 30 | 무역 / 법

인감도장

印도장 인 鑑거울 감 圖그림 도 章글 장

국가에 인감 신고를 한 도장

인감도장은 국가가 본인의 도장임을 보증하는 도장으로, 국가에 도장의 모양을 등록한 뒤 사용해야 해요. 보통은 집이나 자동차같이 비싼 것을 사고팔거나 중요한 계약을 할 때는 본인임을 증명하는 인감도장을 사용해요. 인감도장은 본인의 신분을 나타내는 신분증처럼 중요한 도장입니다.

함께 알기

날인(12.28)

예문 읽기

아파트 매매 계약서에 인감도장으로 날인을 했다.

★☆☆

1월 January | 2 | 경제 기초

재화

財재물 재 貨재화 화 · goods

사람의 생활에 필요한 모든 물건

사람의 생활에는 다양한 물건들이 필요해요. 전화를 할 수 있는 휴대폰, 먼 곳까지 이동할 수 있는 자동차, 나의 배를 채워주는 치킨, 도서관에서 볼 수 있는 수많은 책 등이 필요하죠. 이처럼 사람이 살아가는 데 필요한 보고 만질 수 있는 모든 물건을 재화라고 해요.

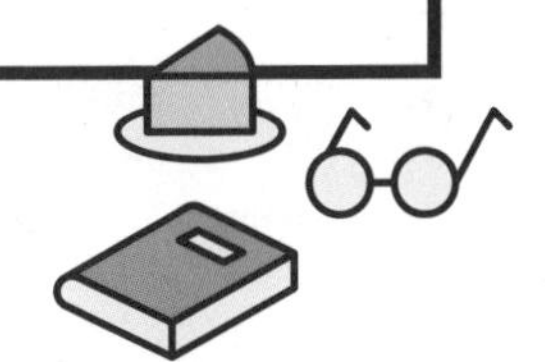

함께 알기

용역(1.3)

예문 읽기

백화점에서는 다양한 재화들을 판매한다.

★★★

12월 December | 29 | 무역 / 법

간인

間사이 간 印도장 인

종잇장 사이에 걸쳐서 도장을 찍는 것

간인은 중요한 문서가 여러 장일 때 그 문서들이 서로 연결된 하나의 것임을 확인하기 위해 문서를 겹쳐서 겹친 부분에 도장을 찍는 것을 말해요. 간인을 하면 문서의 위조를 방지할 수 있기 때문에 중요한 문서에는 간인을 하는 것이 좋아요.

함께 알기

날인(12.28)

예문 읽기

계약서가 여러 장이라 서로 겹쳐서 간인을 했다.

용역

用쓸 용 役부릴 역 · service

생산과 소비에 필요한 일을 제공하는 것

사람의 생활에 필요한 것 중에는 보고 만질 수 있는 것도 있지만 그렇지 않는 것도 있어요. 병원에서 진료하는 일, 영화를 보는 일, 길을 깨끗하게 청소하는 일, 버스로 사람들을 목적지까지 태워주는 일 등이 있죠. 이처럼 형태가 없어 만질 수는 없지만 생활에 필요한 것들을 용역(서비스)이라고 해요.

함께 알기

재화(1.2)

예문 읽기

우리 동네에서는 쓰레기 수거 용역 회사가 매일 쓰레기를 수거해 간다.

★☆☆

12월 December | **28** | 무역 / 법

날인

捺누를 날 印도장 인 · seal

도장을 찍는 것

서명과 마찬가지로 계약서 등의 문서에 날인을 하면 계약 내용에 동의하고 그것에 따라 책임을 지겠다고 최종적으로 확인하는 거예요. 날인을 할 때는 종이에 도장을 똑바로 찍어야 해요. 도장이 흔들리거나 잘 찍히지 않아 알아보기 어려우면 날인이 무효가 될 수도 있어요.

함께 알기

서명(12.27)

예문 읽기

계약서를 꼼꼼히 읽어본 뒤 내 이름을 쓰고 그 옆에 날인을 했다.

★☆☆

1월 January | 4 | 경제 기초

생산

生날 생 産낳을 산 · production

사람의 생활에 필요한
재화나 용역을 만들어내는 것

피자 1판을 만들기 위해서는 여러 생산 활동이 필요해요. 농장에서 도우로 만들 밀가루와 토핑으로 올라갈 채소를 재배하는 활동, 치즈로 만들 우유를 짜내는 활동, 공장에서 피자 상자를 만드는 활동, 피자 가게에서 피자를 만드는 활동, 그리고 피자를 배달해주는 배달원의 활동까지 다양한 생산 활동이 피자 1판에 들어있어요.

함께 알기

재화(1.2) · 용역(1.3)

예문 읽기

우리 회사는 친환경 제품을 전문적으로 생산한다.
기업들의 적극적인 투자로 질 좋은 일자리가 많이 생산됐다.

★☆☆

12월 December | 27 | 무역 / 법

서명

署적을 서 名이름 명 · signature

본인만의 필체로 본인의 이름을 쓰는 것

서명은 본인의 이름을 본인만의 특정한 글자 모양으로 쓰는 것을 말해요. 계약서 등의 문서에 서명을 하면 계약 내용에 동의하고 그것에 따라 책임을 지겠다고 최종적으로 확인하는 거예요. 따라서 서명을 할 때는 항상 신중해야 하며 다른 사람이 쉽게 베끼지 못하는 본인만의 개성 있는 서명을 하는 것이 좋아요.

함께 알기

날인(12.28)

예문 읽기

두 사람은 계약서에 서명을 하고 계약 내용을 지키기로 약속했다.

★☆☆

1월 January | 5 | 경제 기초

소비

消사라질 소 費쓸 비 · consumption

욕망을 충족하기 위해
재화나 용역을 소모하는 것

욕망은 부족함을 느껴 무엇이 가지고 싶어지는 마음이에요. 음식을 먹고 싶은 욕망, 멋진 옷을 입고 싶은 욕망, 게임기를 사고 싶은 욕망 등 사람들은 크고 작은 욕망을 가지고 살아가요. 이런 욕망을 채우기 위해 돈을 내고 재화나 용역을 사고 사용하는 것을 소비라고 해요.

함께 알기

재화(1.2) · 용역(1.3)

예문 읽기

불필요한 소비를 줄여 돈을 저축하고 있다.
건강에 대한 사람들의 관심이 높아지면서 채소 소비가 크게 늘어났다.

★★☆

12월 December

26

무역 / 법

위약금

違어긋날 위 約맺을 약 金돈 금

계약 내용을 지키지 않았을 때 그 대가로 주기로 약속한 돈

계약을 맺은 사람 간에 한쪽이 계약 내용을 어기면 상대방이 손해를 보게 돼요. 그래서 그것을 보상하기 위해 계약을 어긴 사람이 상대방에게 위약금을 줘야 합니다. 하지만 계약서에 위약금에 대한 내용이 없으면 상대방은 위약금을 받을 수 없어요.

함께 알기

계약서(12.24)

예문 읽기

계약금의 2배를 위약금으로 내고 계약을 취소했다.

★☆☆

1월 January

6

경제 기초

수요

需쓰일 수 要중요할 요 · demand

재화나 용역을 일정한 가격으로 사려는 것

재화나 용역의 수요가 많으면 가격은 올라가고 수요가 적으면 가격은 내려가요. 만약 치킨 10마리가 있는데 사려는 사람이 50명이면 치킨의 가격은 올라가고, 2명뿐이라면 치킨의 가격은 내려갈 거예요. 반대로 재화나 용역의 가격이 올라가면 수요가 줄어들고 가격이 내려가면 수요가 늘어나요. 수요와 가격은 서로 많은 영향을 줍니다.

함께 알기

공급(1.7) · 가격(1.10)

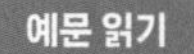

예문 읽기

여름이 되어 날씨가 더워지면서 시원한 생수를 찾는 수요가 늘어나고 있다.

★★☆

12월
December

25

무역 / 법

계약금

契맺을 계 約맺을 약 金돈 금 · deposit

계약 내용을 지키겠다는 의미로 상대방에게 미리 주는 돈

어느 손님이 며칠 뒤에 100만 원짜리 컴퓨터를 사러 오겠다고 해서 가게 주인이 미리 컴퓨터를 주문해뒀다고 가정해봐요. 그런데 손님이 약속을 지키지 않으면 주인은 손해를 보게 됩니다. 그래서 손님은 가게 주인에게 약속을 지키겠다는 의미로 컴퓨터 값 100만 원 중 일부를 계약금으로 미리 주는 거예요.

함께 알기

계약서(12.24) · 위약금(12.26)

예문 읽기

마음에 드는 아파트를 사기 위해 계약서를 쓰고 계약금을 걸어뒀다.

★☆☆

1월 January | 7 | 경제 기초

供줄 공 給줄 급 · supply

시장에 재화나 용역을 제공하는 것

재화나 용역의 공급이 많으면 가격은 내려가고 공급이 적으면 가격은 올라가요. 만약 가방 20개가 있는데 사려는 사람이 50명이면 가방의 가격은 올라가고, 5명뿐이라면 가방의 가격은 내려갈 거예요. 공급과 가격은 서로 많은 영향을 주는데요. 특히 채소는 태풍이나 가뭄으로 공급이 줄어들어 가격이 크게 변하는 경우가 많아요.

함께 알기

수요(1.6) · 가격(1.10)

예문 읽기

심한 가뭄으로 배추 공급이 줄어들어 가격이 작년보다 2배나 올랐다.

★☆☆

12월 December | 24 | 무역 / 법

계약서

契맺을 계 約맺을 약 書책 서 · contract

계약 내용을 기록하고 증명하기 위해 작성하는 문서

계약서는 계약을 맺는 사람 간에 서로 약속한 내용을 구체적으로 작성하는 문서예요. 계약은 말로도 가능하지만 나중에 한쪽이 약속을 지키지 않았을 경우에 말로 한 계약의 내용을 증명하기 어렵기 때문에 문서로 계약서를 작성하는 것이 좋아요.

함께 알기

계약금(12.25) · 위약금(12.26)

예문 읽기

부동산 매매 계약서를 꼼꼼히 읽어보고 계약을 맺었다.

★★☆

1월 January | 8 | 경제 기초

분배

分나눌 분 配짝 배 · distribution

생산에 참여한 사람들이 생산물을 사회적 법칙에 따라 나누는 것

떡볶이 가게에서 떡볶이를 만들어 파는 생산 활동으로 한 달에 600만 원을 벌었다고 가정해봐요. 사장님이 300만 원을 갖고, 직원에게 200만 원을 주고, 떡볶이 가게 건물의 주인에게 건물을 빌린 대가로 100만 원을 줍니다. 이처럼 떡볶이의 생산 활동에 참여한 사람들이 정해진 규칙에 따라 돈을 나눠 가지는 것을 분배라고 해요.

함께 알기

생산(1.4)

예문 읽기

학교 벼룩시장 행사에서 번 돈을 모둠원과 공평하게 분배했다.

로열티

royalty

**저작권이나 특허권 등의 권리를 가진 사람에게
그것을 사용하는 대가로 지불하는 돈**

로열티는 주인이 있는 창작물이나 발명품 등을 다른 사람이나 기업이 사용하는 대가로 그것의 주인에게 주는 돈이에요. B회사에서 A회사가 만든 캐릭터를 사용해 영화를 제작하려면 캐릭터를 사용하는 대가로 B회사는 A회사에게 로열티를 내야 해요.

함께 알기

특허(12.21) · 저작권(12.22)

예문 읽기

A회사가 개발한 기술을 사용하기 위해 로열티를 지불했다.

★☆☆

1월 January | 9 | 경제 기초

희소성

稀드물 희 少적을 소 性성질 성 · scarcity

사람의 욕구에 비해 재화나 용역이 제한되거나 부족한 것

다이아몬드가 비싼 이유는 수요에 비해 공급이 적기 때문이에요. 수요에 비해 공급이 적어 사람들의 욕구를 충족시켜줄 수 있는 재화나 용역이 부족한 상태를 '희소성이 높다'라고 표현합니다. 주변에서 쉽게 볼 수 있는 돌멩이는 희소성이 없기 때문에 사람들이 돈을 주고 사려고 하지 않죠.

함께 알기

수요(1.6) · 공급(1.7)

예문 읽기

대기 오염이 심해지면서 깨끗한 공기의 희소성이 높아지고 있다.

★★☆

12월 December

22

무역 / 법

저작권

著나타날 저 作지을 작 權권리 권 · copyright

**창작물을 만든 사람이
그것에 대해 가지는 법적인 권리**

저작권은 그림이나 음악, 글, 영화 등을 만들고 지은 사람이 본인의 작품에 대해 주인으로서 가지는 법적인 권리예요. 그래서 누군가가 만든 작품을 사용하려면 그것의 주인에게 허락을 받거나 사용하는 대가로 돈을 내야 해요.

함께 알기

로열티(12.23)

예문 읽기

돈을 내지 않고 불법으로 영화를 다운로드받는 것은 저작권을 침해하는 행동이다.

가격

價값 가 格격식 격 · price

재화나 용역이 지니고 있는 가치를
돈으로 나타낸 것

가격은 물건의 값을 말해요. 옛날에는 필요한 물건이 있으면 서로 물물 교환을 했는데, 점차 불편함을 느낀 사람들이 돈(화폐)을 만들어 물건과 교환하기 시작했어요. 필요한 물건이 있으면 그 물건의 가치를 돈으로 측정해 정해진 가격만큼 돈을 내고 물건과 교환하는 것이죠.

함께 알기

물물 교환(1.12) · 돈(1.13)

예문 읽기

그 미술품은 가격을 매길 수 없을 정도로 가치가 높다고 평가됐다.

★★☆

12월
December

21

무역 / 법

특허

特특별할 특 許허락할 허 · patent

새로운 발명을 한 사람이
그것에 대해 가지는 법적인 권리

새로운 기술이나 물건을 발명하는 데는 많은 시간과 노력이 필요해요. 그런데 이것을 다른 사람이 마음대로 사용하거나 이용해 돈을 벌 수 있다면 새로운 것을 발명하려는 사람은 없어질 거예요. 그래서 본인의 발명품에 대해 특허를 가지면 다른 사람이 마음대로 사용하지 못하게 막을 수 있어요.

함께 알기

로열티(12.23)

예문 읽기

오랜 연구 끝에 개발한 화장품의 특허를 받았다.

★☆☆

1월 January

11

경제 기초

물가

物물건 물 價값 가 · price

여러 재화나 용역의 가치를 종합·평균한 가격

물가는 하나의 재화나 용역의 가격이 아니라 여러 재화나 용역의 전체적인 가격이에요. '자장면의 가격'이라고는 말하지만 '자장면의 물가'라고는 말하지 않습니다. 물가가 높아졌다는 것은 사람들이 소비하는 대부분의 재화나 용역의 가격이 높아졌다는 의미예요.

함께 알기

가격(1.10)

예문 읽기

채소 가격이 오르면서 장바구니 물가가 한 달 전보다 5%나 올랐다.

12월
December

★★★
20

무역 / 법

한국소비자원

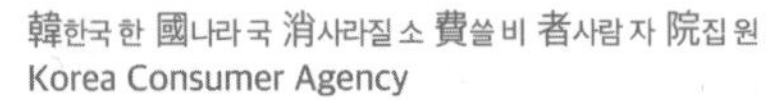

Korea Consumer Agency

**소비자의 권익과 소비 생활을
향상시키기 위한 정부 기관**

소비자는 구매한 물건에 불만이 있으면 구매한 곳에 직접 불만을 말하고 교환이나 환불을 받을 수 있어요. 그런데 구매한 곳에서 소비자의 불만을 처리해주지 않으면 한국소비자원에 도움을 요청할 수 있습니다. 한국소비자원은 소비자의 권리와 이익을 보호하는 역할을 해요.

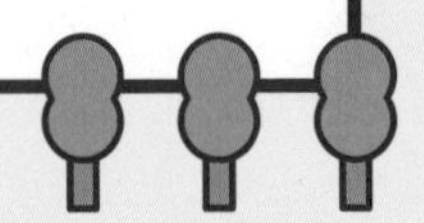

예문 읽기

온라인 쇼핑몰에서 정당한 이유 없이 환불을 거절해 한국소비자원에 도움을 요청했다.

★☆☆

1월 January 12 경제 기초

물물 교환

物물건 물 物물건 물 交바꿀 교 換바꿀 환 · barter

물건과 물건을 직접 바꾸는 것

옛날에 사람들은 본인의 물건과 다른 사람의 물건을 바꿔 필요한 물건을 구했어요. 만약 나는 쌀을 갖고 있는데 생선이 필요하면, 생선을 갖고 있는데 쌀이 필요한 다른 사람과 교환해 필요한 생선을 구하는 것이죠. 그런데 돈(화폐)이 만들어지면서 물물 교환은 오늘날 거의 볼 수 없게 됐어요.

함께 알기

돈(1.13)

예문 읽기

철수는 자신의 초콜릿을 민수의 캐릭터 카드와 물물 교환했다.

★★★

12월 December

19

무역 / 법

공정거래위원회

公공평할 공 正바를 정 去갈 거 來올 래 委맡길 위 員인원 원 會모일 회
Fair Trade Commission

시장에서 일어나는 불공정한 거래를 감시·조사하는 정부 기관

소비자와 회사 간 물건을 사고파는 일, 회사와 회사 간 물건이나 기술을 사고파는 일 모두 거래를 하는 거예요. 이런 거래에서 불공정하거나 부당한 일은 없었는지 조사하고 분쟁이 생기면 해결하는 일을 하는 곳이 공정거래위원회예요.

예문 읽기

공정거래위원회는 밀가루 회사들의 대규모 담합을 찾아냈다.

★☆☆

1월 January | 13 | 경제 기초

돈(화폐)

貨재화 화 幣화폐 폐 · money

재화나 용역과 교환할 때 대가로 지불하는 수단

옛날에는 필요한 물건이 있으면 물물 교환을 했지만 물건으로 주고받는 것이 점차 불편해지자 조개껍데기나 쌀, 소금같이 잘 썩지 않고 잘게 나눌 수 있는 것들을 돈으로 사용해 물건과 교환하기 시작했어요. 이것이 발달해 오늘날에는 동전과 지폐 같은 화폐를 사용하고 있어요. '돈'은 우리말이고 '화폐'는 한자어예요.

함께 알기

물물 교환(1.12)

예문 읽기

마트에서 돈을 내고 필요한 생필품을 샀다.

★★☆

12월
December

18

무역 / 법

과태료

過지날 과 怠게으를 태 料요금 료 · fine/penalty

질서를 위반한 행위에 대해 부과하는 돈

과태료는 벌금과 마찬가지로 잘못을 저지른 벌로 내는 돈이지만 법을 어긴 죄에 대한 처벌이 아니므로 벌금보다 가벼운 벌이에요. 과태료를 내지 않으면 더 큰 벌은 받지 않지만 처음 부과된 돈보다 더 많이 내야 할 수도 있어요. 또한 과태료는 금액이 정해져 있어요.

함께 알기

벌금(12.16)

예문 읽기

길에 불법 주차를 했다가 경찰 단속에 걸려 과태료를 냈다.

★★★

1월 January | 14 | 경제 기초

리디노미네이션

redenomination

한 국가 안에서 사용하는 화폐 단위를 바꾸는 것

한 국가 안에서는 같은 화폐 단위를 사용하지만, 특히 화폐 단위가 너무 커서 불편할 때는 리디노미네이션을 해서 화폐 단위를 줄이는데요. 우리나라에서는 1953년부터 '환'을 사용하다가 1962년 6월 10일 리디노미네이션을 해서 '원'으로 바꿨어요. 이때 화폐의 교환 비율은 '10환→1원'이었습니다.

함께 알기

돈(1.13)

예문 읽기

튀르키예는 2005년 100만 리라lila를 1신리라new lila로 리디노미네이션을 시행했다.

범칙금

犯침범할 범 則법칙 칙 金돈 금 · fine/penalty

도로교통법을 어기면 부과하는 벌금

범칙금은 도로교통법을 어긴 사람에게 부과하는 벌금이에요. 운전자가 교통 신호나 속도 제한을 지키지 않거나 보행자가 횡단보도가 없는데 무단으로 길을 건너면 범칙금을 내야 해요. 범칙금은 도로에서 사람들이 규칙을 지키고 안전한 운전을 하도록 하기 위해 부과해요.

함께 알기

벌금(12.16)

예문 읽기

경찰이 안전벨트를 착용하지 않은 운전자에게 범칙금을 부과했다.

★★★

1월 January | 15 | 경제 기초

암호 화폐

暗어두울 암 號이름 호 貨재화 화 幣화폐 폐 · cryptocurrency

온라인에서 거래되는 암호화된 디지털 화폐

암호 화폐는 동전이나 지폐처럼 실물이 있지 않고 디지털 형태로 존재해 온라인에서 보관하고 사용되는 화폐예요. 블록체인이라는 암호화 기술을 사용해 해킹이 거의 불가능하도록 만들어졌습니다. 사람들은 암호 화폐가 돈과 같은 가치가 있다고 생각하고 실제 화폐처럼 사용하기도 해요.

함께 알기

돈(1.13)

예문 읽기

비트코인은 대표적인 암호 화폐 중 하나다.

★☆☆

12월 December | **16** | 무역 / 법

벌금

罰벌할 벌 金돈 금 · fine/penalty

법을 지키지 않았을 때 국가에 벌로 내는 돈

벌금은 법을 어긴 행동의 심각한 정도를 법원에서 판단해 부과하는 돈이에요. 벌금을 내지 않으면 법적으로 더 큰 벌을 받을 수도 있어요. 벌금은 잘못을 저지른 사람이 대가를 치르는 동시에 사회 질서를 유지하기 위해 필요한 것입니다.

함께 알기

과태료(12.18)

예문 읽기

음주 운전을 해서 사고가 나면 국가에 벌금을 내거나 징역을 살게 될 수도 있다.

★★☆

1월 January | 16 | 경제 기초

모바일 화폐

mobile + 貨재화 화 幣화폐 폐

휴대폰으로 거래할 수 있는 전자 화폐

휴대폰을 사용하는 사람이 많아지면서 휴대폰으로 결제할 수 있는 모바일 화폐가 등장했어요. 현금이나 카드가 없어도 휴대폰에 설치한 애플리케이션을 통해 돈을 내고 물건을 살 수 있는 것이죠. 우리나라에서는 '삼성페이', '애플페이', '카카오페이' 등 다양한 모바일 화폐가 사용되고 있어요.

함께 알기

결제(4.11) · 현금(5.4)

예문 읽기

요즘에는 전통 시장에서도 모바일 화폐로 결제할 수 있다.

★☆☆

12월 December | 15 | 무역 / 법

法법 법 · law

국가의 강제력이 있는
모든 국민이 지키기로 약속한 사회 규범

법은 많은 사람이 함께 어울려 살아가기 위해 모두가 지켜야 하는 규칙이에요. 법은 사람들의 권리를 보호하고 사회의 질서를 지키는 데 중요한 역할을 하기 때문에 국가에서는 법을 어기는 사람을 처벌합니다. 우리나라의 여러 가지 법 중 가장 기본이 되는 법은 '헌법'이에요.

예문 읽기

우리나라 국민이라면 우리나라 법을 지킬 의무가 있다.
7월 17일 제헌절은 우리나라의 헌법 제정을 기념하는 날이다.

★☆☆

1월 January | 17 | 경제 기초

상품권

商장사 상 品물건 품 券문서 권 · gift card

일정한 가격만큼의 상품과 교환할 수 있는 표

상품권은 정해진 곳에서 정해진 용도로만 사용할 수 있는 일종의 교환권이에요. 5만 원짜리 전통 시장 상품권이 있으면 전통 시장에서 5만 원어치 물건만 살 수 있는 것이죠. 책을 사거나 영화를 볼 때 사용할 수 있는 문화 상품권, 백화점에서 사용할 수 있는 백화점 상품권 등이 있어요.

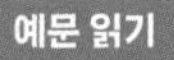

생일 선물로 받은 문화 상품권으로 서점에서 평소에 읽고 싶었던 책을 샀다.

★★☆

12월 December | 14 | 무역 / 법

오일머니

oil money

석유를 생산하는 국가가 석유를 팔아 벌어들인 외화

석유는 전 세계에서 가장 많이 사용되는 에너지원으로, 세계 석유 생산량의 약 40%를 차지하는 중동 지역 국가들은 석유를 수출해 많은 돈을 벌고 있어요. 이 돈으로 도로, 공항, 학교 등 인프라를 구축해 경제를 발전시키고 다른 국가의 기업에도 큰돈을 투자해 영향력을 끼치고 있어요.

함께 알기

외화(6.28)

예문 읽기

사우디아라비아는 자기 국가의 산업 발전에 엄청난 오일머니를 투자하고 있다.

★☆☆

1월 January | 18 | 경제 기초

수입

收거둘 수 入들 입 · income

돈이나 물건 등을 거둬들이는 것

사람이나 기업, 국가 등이 경제 활동을 통해 돈이나 물건 등을 거둬들이는 것을 수입이라고 해요. 쉽게 말해 '벌어들인 돈'이라고 할 수 있어요. 사람들은 생활에 필요한 돈을 마련하기 위해 회사에서 일을 하거나, 가게를 열어 장사를 하거나, 주식에 투자하는 등 여러 방법으로 수입을 얻어요.

함께 알기

지출(3.1)

예문 읽기

매달 수입의 절반을 은행에 저축하고 있다.

★★☆

12월 December

13

무역 / 법

실크로드

Silk Road

중국과 서양을 연결했던 고대의 무역로

'비단길'이라는 뜻의 실크로드는 과거 중국과 서양을 연결하는 무역 통로였어요. 중국에서 서양으로 전해진 대표적인 것이 비단이라 붙여진 이름이에요. 실크로드를 통해 도자기, 종이, 향신료, 금 등 다양한 물건이 거래됐고 종교도 전파되면서 각국의 문화와 경제 발전에 많은 영향을 끼쳤어요.

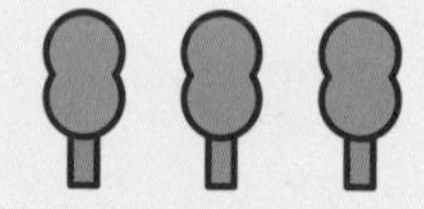

예문 읽기

실크로드는 과거 동양과 서양 간 교류의 상징이었다.

소득

所바 소 得얻을 득 · income

일한 결과로 얻는 정신적·물질적 이익

사람이나 기업이 생산 활동에 참여한 대가로 얻는 재화를 소득이라고 해요. 대부분 돈의 형태로 소득을 얻는데요. 사람들은 소득을 얻기 위해 본인이 갖고 있는 땅, 돈, 노동력 등을 제공합니다. 소득의 종류에는 근로 소득, 사업 소득, 자본 소득, 이전 소득 등이 있어요.

함께 알기

생산(1.4)

예문 읽기

사람들은 소득을 높이기 위해 끊임없이 자기 계발을 한다.
국민들의 소득 수준이 향상되면서 문화생활을 즐기는 사람들이 늘어났다.

경제협력개발기구(OECD)

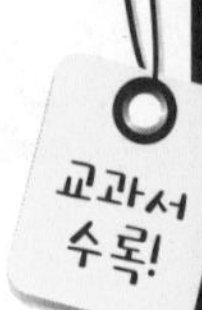

經다스릴 경 濟건널 제 協도울 협 力힘 력 開열 개 發필 발 機기계 기 構얽을 구
Organization for Economic Cooperation and Development

경제 성장·개발도상국 원조·무역 확대를 위해 만들어진 국제기구

경제협력개발기구는 1961년 설립된 국제 조직으로, 각국의 경제 발전을 위해 정책을 협의하고 세계에서 일어나는 여러 문제에 대해 서로 힘을 모아 함께 해결해나가요. 세계가 협력해 더 나은 세상을 만들기 위해 노력하는 국제기구예요. 우리나라는 1996년 회원국으로 가입했어요.

예문 읽기

한국의 경제 성장률이 OECD 회원국의 평균을 넘는 것으로 나타났다.

★★☆

1월 January | 20 | 경제 기초

근로 소득

勤부지런할 근 勞수고로울 로 所바 소 得얻을 득 · earned income

일한 대가로 얻는 소득

근로 소득은 정해진 일을 하고 정해진 금액만큼의 돈을 받아 얻는 소득이에요. 회사에서 일한 대가로 돈을 받는 회사원, 국가에서 나랏일을 한 대가로 돈을 받는 공무원 모두 근로 소득을 얻고 있어요.

함께 알기

소득(1.19)

예문 읽기

2022년 기준 우리나라 68세 근로자들의 월평균 근로 소득은 180만 원으로 나타났다.

★★☆

12월 December | 11 | 무역 / 법

자유무역협정(FTA)

교과서 수록!

自스스로 자 由말미암을 유 貿무역할 무 易바꿀 역 協도울 협 定정할 정
Free Trade Agreement

둘 이상의 국가가 무역 장벽을 완화하거나 제거하는 협정

자유무역협정을 체결한 국가 간에는 서로 수입하는 물건에 매기는 관세를 없애거나 낮춰서 자유롭게 무역을 할 수 있어요. 이렇게 하면 수입한 물건의 판매 가격이 낮아지고 무역이 증가하는 효과가 있어요. 자유무역협정은 국가 간 교류를 높이고 경제 발전에 도움이 되는 중요한 약속이에요.

함께 알기

관세(12.5) · 보호 무역(12.8)

예문 읽기

우리나라는 2012년 미국과 FTA를 체결한 뒤 무역량이 꾸준히 증가했다.

★★☆

1월 January | 21 | 경제 기초

사업 소득

事일 사 業일 업 所바 소 得얻을 득 · business income

사업을 통해 얻는 소득

사업을 해서 얻은 매출(수입)에서 사용한 비용(지출)을 뺀 소득이 사업 소득이에요. 그래서 매달 정해진 금액을 받는 근로 소득과 다르게 사업 소득은 사업의 결과에 따라 얻는 금액이 달라져요. 같은 가게에서 일을 해도 사장님은 사업 소득을 얻고 직원은 근로 소득을 얻어요.

함께 알기

소득(1.19)

예문 읽기

치킨 가게 사장님, 문구점 사장님 모두 사업 소득을 얻고 있다.

★★☆

12월
December

10

무역 / 법

세계무역기구(WTO)

교과서 수록!

世인간 세 界지경 계 貿무역할 무 易바꿀 역 機기계 기 構얽을 구
World Trade Organization

무역 자유화를 통한 세계 경제 발전을 위해 만들어진 국제기구

세계무역기구는 1995년 1월 1일 설립된 국제 조직으로, 국가 간 자유로운 무역을 통해 세계 경제 발전을 돕는 곳이에요. 국가 간 무역 규칙을 만들고 분쟁을 해결해주며 세금이나 기술 규제 등의 무역 장벽을 없애기 위해 노력해요. 세계무역기구의 본부는 스위스 제네바이 있어요.

예문 읽기

WTO는 특정 국가의 수입 제품에만 높은 관세를 매기는 것은 부당하다고 판정했다.

★★☆

1월 January | 22 | 경제 기초

자본 소득

資재물 자 本근본 본 所바 소 得얻을 득 · property income

자본을 이용해 얻는 소득

근로 소득과 사업 소득은 모두 일을 하고 얻는 소득이지만 자본 소득은 일을 하지 않고 본인이 가진 자본(재산)을 이용해 얻는 소득이에요. 은행에 돈을 맡기고 받는 이자, 주식 투자로 얻는 수익, 건물을 빌려주고 받는 임대료 등이 있죠. 자본 소득은 다른 말로 '금융 소득', '재산 소득'이라고도 해요.

함께 알기

소득(1.19) · 자본(2.9)

예문 읽기

그는 근로 소득보다 주식 투자로 얻는 자본 소득이 더 많다.

★★☆

12월
December

9

무역 / 법

공정 무역

公공평할 공 正바를 정 貿무역할 무 易바꿀 역 · fair trade

국가 간 동등한 혜택을 받을 수 있도록 공정하게 거래하는 무역

불공정 무역은 기업들이 이익을 늘리고자 원재료를 생산하는 개발도상국 노동자들에게 정당한 대가를 지불하지 않는 무역을 말해요. 반대로 공정 무역은 노동자들에게 정당한 대가를 지불하는 무역이에요. 공정 무역 제품을 사면 노동자들이 정당한 몫을 받을 수 있어요.

예문 읽기

A카페는 공정 무역으로 거래한 커피콩으로 만든 음료를 판매한다.

★★☆

1월 January | 23 | 경제 기초

이전 소득

移옮길 이 轉구를 전 所바 소 得얻을 득 · transfer income

생산에 직접 참여하지 않고
정부나 기업으로부터 얻는 소득

근로 소득, 사업 소득, 자본 소득은 모두 생산 활동과 관련이 있어요. 그런데 이전 소득은 생산 활동과 상관없이 무상으로 얻는 소득이에요. 정부에서 국민들에게 주는 지원금이나 보험 회사에서 주는 보험금 등이 이전 소득에 해당해요.

함께 알기

소득(1.19) · 정부(2.8) · 기업(7.27)

예문 읽기

코로나19 재난 지원금 때문에 국민들의 소득 중 이전 소득의 비율이 늘어났다.

★★★

12월 December | 8 | 무역 / 법

보호 무역

保지킬 보 護도울 호 貿무역할 무 易바꿀 역 · protective trade

국내 산업을 보호하기 위해 국가가 무역을 간섭하고 수입에 제한을 두는 것

보호 무역은 국내에서 자기 국가의 물건을 더 많이 팔기 위해 외국 물건에 관세를 부과하거나 수입량을 제한하는 등 여러 무역 장벽을 세우는 것을 말해요. 이렇게 하면 자기 국가의 산업을 보호하고 더 많은 일자리를 유지할 수 있지만 다른 국가와의 무역을 감소시켜 오히려 경제 성장을 방해할 수도 있어요.

함께 알기

관세(12.5) · 자유무역협정(12.11)

예문 읽기

중국의 보호 무역 때문에 우리나라 기업들이 제품을 수출하는 데 어려움을 겪고 있다.

★★☆

1월 January | 24 | 경제 기초

실질 소득

實진실 실 質바탕 질 所바 소 得얻을 득 · real income

소득을 실제 소비할 수 있는 가치로 나타낸 숫자

실질 소득은 실제로 얼마큼의 소비를 할 수 있는 소득인지를 나타낸 숫자예요. 예를 들어 매달 똑같이 220만 원을 벌어도 물가가 오르면 살 수 있는 물건의 개수가 줄어드는데요. 이 경우에 실질 소득은 220만 원보다 낮아집니다. 올해도 작년과 똑같이 매달 220만 원을 벌어도 물가가 10% 오르면 올해 번 220만 원은 작년에 200만 원을 번 것과 같아요.

함께 알기

소득(1.19)

예문 읽기

물가가 많이 오르면서 사람들의 실질 소득이 줄어들었다.

통관

通통할 통 關관계할 관 · customs clearance

국경을 통과하는 물건을 허가하기 위해 세관에서 검사하는 것

외국 물건이 우리나라로 들어오거나 우리나라 물건이 외국으로 나가려면 세관에서 어떤 물건인지, 양은 얼마나 되는지, 위험하지는 않은지 등을 법에 따라 검사를 하는데요. 이것을 통관이라고 해요. 통관을 마친 물건은 국경을 통과해 최종적으로 국가 안으로 들어오거나 국가 밖으로 나갈 수 있어요.

함께 알기

수입(12.3) · 수출(12.4) · 세관(12.6)

예문 읽기

수입 농산물에서 많은 양의 농약이 검출돼 통관이 금지됐다.

★★☆

1월 January

25

경제 기초

통화

通통할 통 貨재화 화 · currency

유통이나 지불 수단으로서 사용하는 화폐

한 국가 안에서 재화나 용역을 사고팔 때나 금융 거래를 할 때 사용할 수 있는 돈(화폐)을 통화라고 해요. 한 국가나 지역에서 공통적으로 사용되고 있는 공식적인 돈이죠. 우리나라의 통화는 '원화'이며 기호는 [₩]이에요. '₩1,000'은 '1,000원'을 의미합니다. 미국의 통화는 '달러화[$]', 중국의 통화는 '위안화[元]', 일본의 통화는 '엔화[¥]'예요.

함께 알기

돈(1.13)

예문 읽기

정부는 경제 안정을 위해 시장에 추가로 통화를 공급하겠다고 발표했다.

★★☆

12월 December | 6 | 무역 / 법

세관

稅세금 세 關관계할 관 · customs

수입·수출하는 물건을 단속하고 관세를 부과하는 정부 기관

세관은 국경을 통과하는 사람이나 물건을 검사하고 세금을 부과하는 곳이에요. 우리나라로 들어오는 사람들의 물건을 검사해 위험하거나 불법적인 물건이 들어오는 것을 막고, 수입 또는 수출하는 물건에 관세를 부과해요. 세관은 국가의 경제와 국민의 안전을 지켜주는 중요한 역할을 해요.

함께 알기

수입(12.3) · 수출(12.4) · 관세(12.5) · 통관(12.7)

예문 읽기

세관에서 검사를 통과하지 못한 물건은 국내로 들여올 수 없다.

★★☆

1월 January | 26 | 경제 기초

통화량

通통할 통 貨재화 화 量헤아릴 량 · money supply

한 국가 안에서 실제로 사용되고 있는 화폐의 양

한 국가 안에서 실제로 돌아다니고 있는 돈(화폐)의 양을 통화량이라고 해요. 통화량은 한 국가 안에서 사람들이 사용 중인 동전과 지폐의 액수, 은행에 저축해둔 돈의 액수 등 다양한 형태의 통화를 포함한 개념이에요. 통화량은 물가가 오르고 내리는 데 많은 영향을 줍니다.

함께 알기

물가(1.11) · 통화(1.25)

예문 읽기

은행에서 대출을 늘리자 시중에 통화량이 증가했다.

★★☆

12월 December

5

무역 / 법

관세

關관계할 관 稅세금 세 · tariff

수입·수출하는 물건에 부과하는 세금

관세는 한 국가에서 외국으로부터 물건을 수입하거나 외국에 수출할 때 그 물건의 가격에 더해 추가로 내야 하는 세금이에요. 각 국가의 정부에서 관세를 부과함으로써 자기 국가의 산업을 보호할 수 있어요.

함께 알기

수입(12.3) · 수출(12.4) · 세관(12.6) · 통관(12.7)

예문 읽기

정부는 우리나라 농업을 보호하기 위해 수입 곡물에 높은 관세를 부과했다.

경기

景볕 경 氣기운 기 · economy conditions

호황·불황 등의 경제 활동 상태

경기는 사람이나 기업의 경제 상황이 좋아지고 나빠지는 흐름이에요. 경제 상황이 좋을 때는 '경기가 좋다', 경제 상황이 나쁠 때는 '경기가 나쁘다'라고 표현해요. 경기가 좋고 나쁨은 소비, 물가, 일자리 등 사람들의 생활에도 많은 영향을 줍니다.

함께 알기

경제(1.1) · 호황(1.28) · 불황(1.29)

예문 읽기

전 세계 경기가 좋아지면서 무역이 활기를 띠고 있다.
경기가 나빠지면서 사람들이 소비를 줄이기 시작했다.

★☆☆

12월 December | 4 | 무역 / 법

輸보낼 수 出날 출 · export

국내의 물건이나 기술 등을 다른 국가로 팔아 내보내는 것

수출은 자기 국가에서 만든 물건을 외국에 파는 것을 말해요. 우리나라에서 수출하는 대표적인 제품에는 반도체와 자동차가 있어요. 수출은 다른 국가로부터 돈을 받고 물건을 파는 것이기 때문에 수입보다 수출이 많아야 우리나라가 돈을 벌고 경제가 발전할 수 있어요.

함께 알기

수입(12.3)

예문 읽기

우리나라 김은 해외에서 인기가 좋아 매년 수출되는 양이 늘어나고 있다.

★★☆

1월 January | 28 | 경제 기초

호황

好좋을 호 況상황 황 · boom

경제 활동이 활발한 상태

경제 활동이 활발하면 국가 전체적으로 수요와 공급이 늘어나고, 일자리가 많아지며, 일자리의 질도 높아지고, 사람들의 소득도 늘어나 생활 수준이 올라가요. 이처럼 경제 상황이 호황일 때는 기업의 생산과 소비 활동이 많아지고 투자도 활발해져요. 호황과 비슷한 말로는 '호경기'가 있어요.

함께 알기

경제(1.1) · 경기(1.27) · 불황(1.29)

예문 읽기

수출이 늘어나면서 우리나라 경제가 몇 년 만에 호황을 맞았다.
휴가철을 맞아 해외여행을 떠나는 사람들로 여행사들이 호황을 누리고 있다.

★☆☆

12월
December

3

무역 / 법

수입

輸보낼 수 入들 입 · import

다른 국가로부터 물건이나 기술 등을
국내로 사들이는 것

수입은 외국에서 물건을 사오는 것을 말해요. 우리나라에서 재배하기 어려운 망고나 체리 같은 과일이나 우리나라에는 없는 석유나 철광석 같은 자원을 외국에서 수입해요. 수입은 다른 국가에 돈을 주고 물건을 사오는 것이기 때문에 수출보다 수입이 많아지면 우리나라의 경제 상황이 나빠질 수 있어요.

함께 알기

수출(12.4)

예문 읽기

우리나라에서는 석유가 생산되지 않아 전부 외국에서 수입하고 있다.

불황

不아닐 불 況상황 황 · recession

경제 활동이 침체되는 상태

불황은 호황의 반대말이에요. 불황이 찾아오면 기업의 생산과 소비 활동이 줄어들고 일자리도 줄어들어 실업자 수가 늘어나요. 일자리를 잃어 사람들의 소득이 줄어들면 소비가 줄어들고 그러면 수요가 줄어들기 때문에 물가가 낮아져요. 또한 투자도 줄어들기 때문에 기업들도 어려운 상황에 처하며 악순환이 반복되죠. 불황과 비슷한 말로는 '불경기'가 있어요.

함께 알기

경제(1.1) · 경기(1.27) · 호황(1.28)

예문 읽기

오랜 경기 불황으로 국민들의 생활이 더욱 힘들어지고 있다.

코로나19 때문에 해외여행객이 줄어들어 전 세계 항공사들이 불황을 겪었다.

비교 우위

比견줄 비 較견줄 교 優넉넉할 우 位자리 위 · comparative advantage

국제 무역에서 생산 효율성이 우위를 차지하는 것

A국가 사람이 일을 하면 책 4권 또는 옥수수 8개를 만들 수 있어요. 그리고 B국가 사람이 똑같이 일을 하면 책 2권 또는 옥수수 6개를 만들 수 있어요. 책도 옥수수도 A국가 사람이 더 잘 만들죠. 하지만 A국가에서만 책과 옥수수를 만드는 것보다 A국가 사람은 책을 만들고 B국가 사람은 조금이나마 더 많이 만들 수 있는 옥수수 생산에 집중해 두 국가 간에 교환하면 서로 이익을 얻을 수 있어요. 그래서 기술이 발달한 국가와 비교적 덜 발달한 국가 간에도 무역을 할 수 있습니다.

함께 알기

수입(12.3) · 수출(12.4)

예문 읽기

우리나라가 비교 우위를 갖고 있는 제품을 찾아 개발하려는 전략이 필요하다.

★★☆

1월 January

30

경제 기초

경기 침체

景볕 경 氣기운 기 沈잠길 침 滯막힐 체 · recession

매매나 거래 등이 활발하게 이뤄지지 못하는 경제 활동 상태

경기 침체는 생산, 소비, 투자 등의 경제 활동이 활발하거나 성장하지 못하는 상태예요. 물가가 많이 올라 소비가 줄어서 경기 침체가 발생하기도 하고, 전 세계적인 금융 위기 때문에 경기 침체가 발생하기도 해요. 경제 활동이 활발하지 않기 때문에 기업의 매출에 영향을 주고 일자리를 잃는 사람들이 늘어날 수 있어요.

함께 알기

경제(1.1) · 경기(1.27) · 금융 위기(6.30)

예문 읽기

오랜 경기 침체 때문에 국가의 경제 상황이 나빠지고 있다.

무역

貿무역할 무 易바꿀 역 · trade

국가 간 물건이나 기술 등을 사고파는 것

무역은 국가 간 또는 지역 간 물건을 사고파는 활동이에요. 무역을 하면 우리나라에 없는 물건을 외국에서 사올 수 있고 우리나라에서 만든 물건을 외국에 팔 수도 있어요. 무역을 하면 국가 간 교류가 활발해져 세계 경제가 발전하고 나아가 서로의 문화를 공유하며 이해를 넓힐 수 있어요.

함께 알기

수입(12.3) · 수출(12.4)

예문 읽기

세계 여러 국가는 무역을 통해 서로 필요한 물건을 거래한다.

★★☆

1월 January | 31 | 경제 기초

경제 성장률

經다스릴 경 濟건널 제 成이룰 성 長길 장 率비율 률 · rate of economic growth

일정 기간 동안 국가 경제의 실질적인 증가율

경제 성장률은 정해진 기간 동안 한 국가의 경제 규모가 얼마나 커졌는지를 확인할 수 있는 숫자예요. 정부에서는 주로 국내 총생산을 기준으로 계산해 경제 성장률을 발표하는데요. 경제 성장률이 0보다 높으면 경제 규모가 커진 것, 0보다 낮으면 경제 규모가 작아진 거예요.

함께 알기

경제(1.1) · 국내 총생산(2.23)

예문 읽기

반도체 수출 증가가 우리나라 경제 성장률을 높이는 데 중요한 역할을 했다.

12월
무역/법

1월 퀴즈

1. 우리나라의 □□ 수준이 높아지면서 사람들이 편리한 생활을 누리고 있다. (1.1)
2. 백화점에서는 다양한 □□ 들을 판매한다. (1.2)
3. 우리 회사는 친환경 제품을 전문적으로 □□ 한다. (1.4)
4. 불필요한 □□ 를 줄여 돈을 저축하고 있다. (1.5)
5. 여름이 되어 날씨가 더워지면서 시원한 생수를 찾는 □□ 가 늘어나고 있다. (1.6)
6. 대기 오염이 심해지면서 깨끗한 공기의 □□□ 이 높아지고 있다. (1.9)
7. 2022년 기준 우리나라 68세 근로자들의 월평균 □□ □□ 은 180만 원으로 나타났다. (1.20)
8. 치킨 가게 사장님, 문구점 사장님 모두 □□ □□ 을 얻고 있다. (1.21)
9. 그는 근로 소득보다 주식 투자로 얻는 □□ □□ 이 더 많다. (1.22)
10. 오랜 □□ □□ 때문에 국가의 경제 상황이 나빠지고 있다. (1.30)

11월 퀴즈

1. 1만 원짜리 물건에는 1,000원의 □□ □□□가 붙는다. (11.3)
2. 소득이 늘어나면 □□□ 때문에 세금도 더 많이 내야 한다. (11.4)
3. 매달 고정적으로 나가는 □□□은 자동 이체로 내고 있다. (11.5)
4. 이번 달부터 휴대폰 요금 □□□를 이메일로 받고 있다. (11.7)
5. A보험은 매달 10만 원씩 20년 동안 □□□를 내면 평생 보장받을 수 있는 보험이다. (11.10)
6. 길을 가다가 자전거와 부딪히는 사고를 당해 □□□을 받았다. (11.11)
7. 이 보험은 교통사고를 당했을 때 치료비와 입원비를 모두 □□해준다. (11.18)
8. □□ □□□가 새로 나온 보험 상품에 대해 자세히 설명해줬다. (11.21)
9. 아버지가 사고로 세상을 떠나신 뒤 아버지 □□ □□의 보험금을 받았다. (11.22)
10. 70세가 되신 할아버지께서는 국가에서 주는 □□□□을 받으며 생활하고 계신다. (11.27)

2월
경제 기초

★★☆

11월 November | 30 | 세금 / 보험

산재보험

産낳을 산 災재앙 재 保지킬 보 險험할 험 · industrial accident compensation insurance

일을 하다가 생긴 질병·부상·사망 등의 재해를 보장하는 보험

'산재'는 '산업 재해'를 줄인 말로, 산업 재해는 일을 하면서 병을 얻거나 다치는 것을 의미해요. 그래서 산재보험이란 일을 하다가 생긴 병이나 부상이 있을 때 보험금을 주는 보험을 말해요. 우리나라의 4대 사회 보험 중 하나예요.

함께 알기

사회 보험(11.25)

예문 읽기

공장에서 일을 하다가 다리를 다쳐 산재보험 보장을 받았다.

★★☆

2월 February | 1 | 경제 기초

인플레이션

inflation

통화량이 늘어나 화폐 가치가 떨어지고
물가가 계속 오르는 현상

통화량이 늘어나면 물가가 오르고 물가가 오르면 화폐 가치가 떨어져요. 예를 들어 과자 가격이 1,000원일 때 1만 원은 과자 10개를 살 수 있는 가치가 있지만, 과자 가격이 2,000원일 때 1만 원은 과자 5개를 살 수 있는 가치밖에 되지 않는 것이죠. 인플레이션이 지나치면 경제에 큰 부담을 주게 돼요. 인플레이션은 줄여서 '인플레'라고도 불러요.

함께 알기

물가(1.11) · 돈(1.13) · 통화량(1.26) · 디플레이션(2.3)

예문 읽기

계속되는 인플레이션으로 국민들의 생활이 어려워지고 있다.

★★☆

11월 November | 29 | 세금 / 보험

고용보험

雇고용할 고 傭품 팔 용 保지킬 보 險험할 험 · employment insurance

직장을 잃은 실업자의 생활을 보장하는 보험

고용보험은 4대 사회 보험 중 하나로, 다니던 직장을 그만두고 다시 일자리를 구할 때까지의 생활을 보장하는 보험이에요. 본인이 스스로 직장을 그만두었을 경우에는 보험금을 받을 수 없고, 회사에서 해고를 당하거나 회사가 망해 일자리를 잃었을 경우에는 보험금을 받을 수 있어요.

함께 알기

실업(8.29) · 해고(8.31) · 사회 보험(11.25)

예문 읽기

회사에서 해고를 당한 뒤 고용보험 보험금을 받으며 생활하고 있다.

★★☆

2월 February | 2 | 경제 기초

하이퍼인플레이션

hyperinflation

짧은 기간에 물가가 심하게 오르는 현상

$

적당한 수준의 인플레이션은 경제 발전을 위해 필요하지만 짧은 기간에 물가가 심하게 오르는 하이퍼인플레이션은 사람들의 생활을 매우 힘들게 해요. 하이퍼인플레이션은 주로 전쟁이나 자연재해 이후 공급이 수요를 따라가지 못해서 발생합니다. 다른 말로 '초인플레이션'이라고도 해요.

함께 알기

수요(1.6) · 공급(1.7) · 물가(1.11) · 인플레이션(2.1)

예문 읽기

1차 세계 대전 이후 독일은 하이퍼인플레이션으로 물가가 10억 배가량 올랐다.

★★☆

11월 November | 28 | 세금 / 보험

국민건강보험

國나라 국 民백성 민 健굳셀 건 康편안할 강 保지킬 보 險험할 험 · national health insurance

국민들이 저렴하게 의료 서비스를
받을 수 있도록 보장하는 보험

국민건강보험은 4대 사회 보험 중 하나로, 국민들의 병원비 부담을 덜어주기 위해 우리나라 국민이라면 의무적으로 가입해야 하는 보험이에요. 국민건강보험에 가입한 사람은 치료비나 약값의 일부를 국민건강보험을 관리하는 국민건강보험공단에서 내줍니다.

함께 알기

사회 보험(11.25)

예문 읽기

국민건강보험 덕분에 내야 하는 병원비가 크게 줄어들었다.

★★☆

2월 February

3

경제 기초

디플레이션

deflation

통화량이 줄어들어 물가가 내려가고
경제 활동이 침체되는 현상

디플레이션은 인플레이션과 반대되는 개념이에요. 디플레이션이 발생하면 사람들은 소비를 잘 하지 않아요. 소비가 줄어들면 기업의 생산 감소로 이어지고 일자리도 줄어들게 됩니다. 줄어든 일자리 때문에 사람들은 소비를 더 줄이고 결국 국가 전체의 경기가 나빠지게 돼요.

함께 알기

물가(1.11) · 통화량(1.26) · 인플레이션(2.1)

예문 읽기

A국가는 시중에 통화량이 줄어들어 디플레이션이 발생할 것으로 예상된다.

★★☆

11월 November | 27 | 세금 / 보험

국민연금

國나라 국 民백성 민 年해 연 金돈 금 · national pension

국가가 국민의 노후를 보장하기 위해 관리하는 연금

국민연금은 4대 사회 보험 중 하나로, 국민들이 노후를 대비할 수 있도록 국가에서 관리하는 연금이에요. 우리나라에서는 일부 사람들을 제외하고 소득이 있는 18세 이상 60세 미만의 국민이라면 의무적으로 가입해야 하며 시간이 지나 정해진 나이가 되면 연금을 받기 시작해요.

함께 알기

사회 보험(11.25) · 연금(11.26)

예문 읽기

70세가 되신 할아버지께서는 국가에서 주는 국민연금을 받으며 생활하고 계신다.

★★☆

2월 February | 4 | 경제 기초

스태그플레이션

stagflation

경기가 불황인데도 물가가 계속 오르는 현상

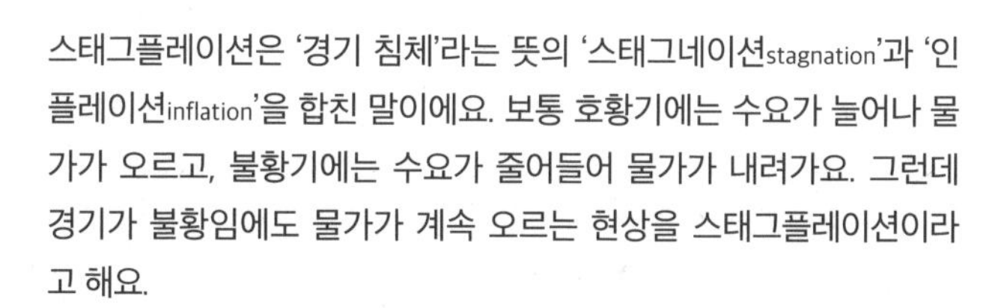

스태그플레이션은 '경기 침체'라는 뜻의 '스태그네이션stagnation'과 '인플레이션inflation'을 합친 말이에요. 보통 호황기에는 수요가 늘어나 물가가 오르고, 불황기에는 수요가 줄어들어 물가가 내려가요. 그런데 경기가 불황임에도 물가가 계속 오르는 현상을 스태그플레이션이라고 해요.

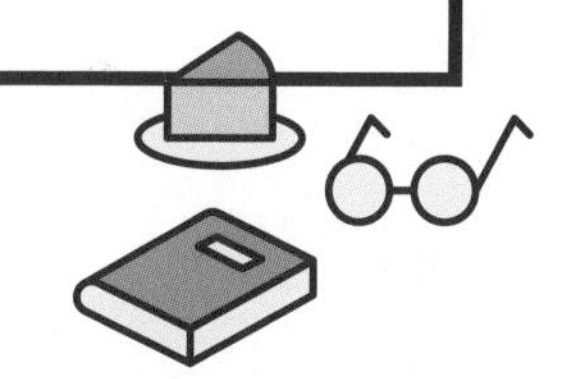

함께 알기

물가(1.11) · 경기(1.27) · 불황(1.29)

예문 읽기

경기가 나쁜데도 물가가 계속 오르면서 스태그플레이션이 발생할 가능성이 높아지고 있다.

★★☆

11월 November | 26 | 세금 / 보험

年해 연 金돈 금 · pension

일정 기간 동안 미리 내고 노후에 돌려받는 돈

나이가 들면 젊었을 때보다 일하기가 힘들어 돈을 벌기가 어려워져요. 그래서 노후에 일하지 않아도 생활할 수 있도록 받는 돈을 연금이라고 해요. 연금은 정해진 금액을 정해진 기간 동안 미리 내고 특정한 나이가 되면 그 돈을 한 번에 또는 나눠서 돌려받을 수 있어요.

함께 알기

노후(4.7)

예문 읽기

우리 부부는 노후를 대비하기 위해 연금 상품에 가입했다.
아버지는 회사에서 퇴직하신 뒤 매달 100만 원씩 연금을 받고 계신다.

★★★

2월 February | 5 | 경제 기초

골디락스

goldilocks

경기가 호황인데도 물가가 오르지 않는 이상적인 상태

골디락스는 영국의 전래 동화 〈골디락스와 세 마리 곰〉의 주인공 소녀 이름에서 생겨난 말이에요. 동화에서 소녀는 뜨거운 수프, 차가운 수프, 적당한 온도의 수프 중 적당한 온도의 수프를 먹고 기뻐하는데, 이 상황을 뜨겁지도 차갑지도 않은 경제 상태에 비유한 말이 골디락스예요.

함께 알기

물가(1.11) · 경기(1.27) · 호황(1.28)

예문 읽기

오랜 경기 침체 이후 물가가 점차 안정되면서 골디락스에 대한 기대감이 높아지고 있다.

★★☆

11월 November | 25 | 세금 / 보험

사회 보험

社모일 사 會모일 회 保지킬 보 險험할 험 · social insurance

사회적 위험에 대비해 국가가 보장하는 보험

사회 보험은 국민의 기본적인 생활을 보장하기 위해 국가에서 의무적으로 가입하도록 하는 보험으로, 보험 회사가 아닌 국가에서 관리하는 보험이에요. 사회 보험의 종류에는 국민연금, 국민건강보험, 고용보험, 산재보험이 있으며 보험의 종류가 4개라서 '4대 보험'이라고도 불러요.

예문 읽기

회사는 새로운 직원을 채용하면 그 직원의 4대 보험에 가입해야 한다.

★★☆

2월 February | 6 | 경제 기초

슈링크플레이션

shrinkflation

기업이 생산하는 재화나 용역의 가격은 그대로 두고 양을 줄여 사실상 가격을 올리는 전략

사람들은 가격 변화에는 민감하지만 양의 변화에는 가격만큼 반응하지 않아요. 1박스에 5봉지가 들어있는 1,000원짜리 과자를 4봉지로 줄이면 1박스의 가격은 변화가 없지만 사실 1봉지당 가격은 200원에서 250원으로 오른 셈이에요. 이것을 '줄어들다'라는 뜻의 '슈링크shrink'와 '인플레이션inflation'을 합쳐 슈링크플레이션이라고 해요.

함께 알기

물가(1.11) · 인플레이션(2.1)

예문 읽기

물가가 계속 상승하면서 제품의 가격을 올리기 부담스러운 기업들이 슈링크플레이션을 활용하고 있다.

★★☆

11월 November

24

세금 / 보험

실손 보험

實진실 실 損덜 손 保지킬 보 險험할 험

피보험자가 실제로 부담한 의료비를 보상해주는 보험

실손 보험은 보험 계약을 할 때 약속한 금액만큼의 보험금을 주는 것이 아니라 피보험자가 실제로 사용한 치료비나 약값만큼 보험금을 주는 보험이에요. 예를 들어 암 보험은 암에 걸리면 치료비로 얼마를 사용하든지 정해진 만큼의 보험금을 받지만, 실손 보험은 사용한 치료비만큼 보험금을 받을 수 있어요.

함께 알기

보험금(11.11) · 피보험자(11.15)

예문 읽기

병원에서 치료를 받은 뒤 치료비와 약값의 실손 보험금을 청구했다.

★★☆

2월
February

7

경제 기초

물가 지수

物물건 물 價값 가 指가리킬 지 數셈 수 · price index

물가의 변동을 나타내는 숫자

물가 지수는 한 시점의 물가를 100이라고 했을 때 비교하는 시점의 물가가 얼마인지를 나타내는 숫자예요. 100보다 크면 물가가 오른 것이고, 100보다 작으면 물가가 내린 거예요. 소비자가 일상에서 주로 구입하는 재화와 용역의 물가 지수는 '소비자 물가 지수'라고 하며 이것을 통해 인플레이션이 발생하고 있는지를 알 수 있어요.

함께 알기

물가(1.11) · 인플레이션(2.1)

예문 읽기

2022년 우리나라의 소비자 물가 지수는 2020년보다 7.7% 올라 107.7을 기록했다.

★★☆

11월 November | 23 | 세금 / 보험

손해 보험

損덜 손 害해로울 해 保지킬 보 險험할 험 · property insurance

재산의 손해를 보장하는 보험

보험의 종류 중 피보험자의 재산에 피해가 생겼을 경우에 보험금을 주는 보험을 손해 보험이라고 해요. 집에 불이 났을 때 우리 집의 피해와 주변 집들의 피해에 따라 보험금을 주는 '화재 보험', 자동차 사고가 났을 때 피해를 보장해주는 '자동차 보험'이 대표적인 손해 보험이에요.

함께 알기

보험금(11.11) · 피보험자(11.15)

예문 읽기

홍수로 피해를 입었다면 손해 보험 보장을 받을 수 있다.

★☆☆

2월 February | 8 | 경제 기초

정부

政정사 정 府관청 부 · government

국가에 관한 여러 가지 일을 처리하는 국가 기관

정부는 한 국가의 살림을 사는 곳이에요. 국민이 살아가는 데 필요한 법을 만들고 국가와 관련된 여러 일을 처리하는 기관이죠. 또한 국민들에게 세금을 어떻게 걷고 사용할지 등을 결정해요. 그뿐만 아니라 국가 경제와 관련된 중요한 정책을 만들기 때문에 가계와 기업의 경제 활동에도 많은 영향을 줍니다. 정부는 경제 활동의 3주체(가계, 정부, 기업) 중 하나예요.

함께 알기

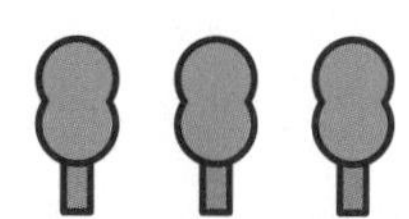

가계(3.25) · 기업(7.27)

예문 읽기

우리나라 정부와 미국 정부는 경제 협력을 약속했다.

정부는 코로나19로 어려움을 겪는 소상공인에게 재난 지원금을 지급하기로 했다.

★★☆

11월 November | 22 | 세금 / 보험

생명 보험

生날 생 命목숨 명 保지킬 보 險험할 험 · life insurance

사람의 생명과 관련된 사고를 보장하는 보험

보험의 종류 중 사람의 목숨이나 신체와 관련된 보험을 생명 보험이라고 해요. 생명 보험 중에서도 피보험자가 죽었을 경우에 보험금을 주는 보험을 '사망 보험', 피보험자가 계약한 나이까지 죽지 않고 살아있을 경우에 남은 기간 동안 보험금을 주는 보험을 '생존 보험'이라고 해요.

함께 알기

보험금(11.11) · 피보험자(11.15)

예문 읽기

아버지가 사고로 세상을 떠나신 뒤 아버지 생명 보험의 보험금을 받았다.

★☆☆

2월 February | 9 | 경제 기초

자본

資재물 자 本근본 본 · capital

재화나 용역을 만드는 데 필요한
생산 수단이나 노동력을 통틀어 부르는 말

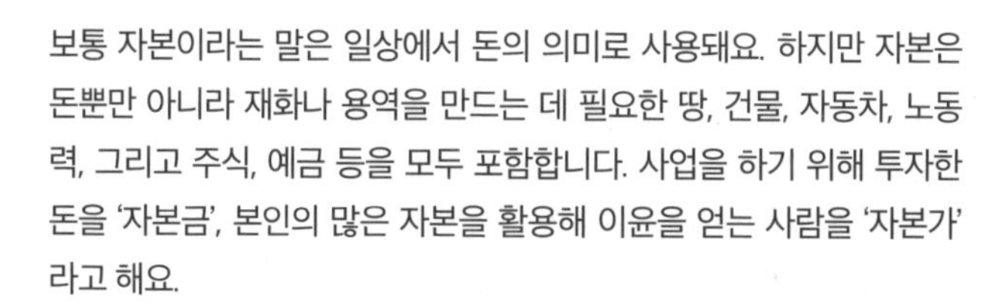
보통 자본이라는 말은 일상에서 돈의 의미로 사용돼요. 하지만 자본은 돈뿐만 아니라 재화나 용역을 만드는 데 필요한 땅, 건물, 자동차, 노동력, 그리고 주식, 예금 등을 모두 포함합니다. 사업을 하기 위해 투자한 돈을 '자본금', 본인의 많은 자본을 활용해 이윤을 얻는 사람을 '자본가'라고 해요.

함께 알기

자본주의(2.10)

예문 읽기

그는 적은 자본으로 사업을 시작했지만 열심히 노력해 큰 성공을 거뒀다.

★★☆

11월 November | 21 | 세금 / 보험

보험 설계사

保지킬 보 險험할 험 設베풀 설 計셀 계 士선비 사

보험 상품을 소개·안내하고 가입을 도와주는 사람

보험은 종류가 다양하고 내용이 복잡하며 보험 회사마다 판매하는 상품도 모두 달라서 사람들이 수많은 보험 상품을 다 알기는 어려워요. 그래서 사람들의 상황에 따라 어떤 보험이 필요한지 알려주고 가입하면 좋은 보험 상품을 추천해주는 보험 설계사가 있어요.

예문 읽기

보험 설계사가 새로 나온 보험 상품에 대해 자세히 설명해줬다.

★★☆

2월 February | 10 | 경제 기초

자본주의

資재물 자 本근본 본 主주인 주 義옳을 의 · capitalism

이윤을 얻기 위한 생산 활동을 보장하는 사회 경제 체제

자본주의는 재화나 용역을 만드는 데 필요한 땅, 돈, 노동력 등을 사람들이 소유할 수 있고 이것을 활용하는 사람들의 자유로운 경제 활동을 보장하는 경제 체제예요. 여기서 경제 체제란 경제가 운영되는 방식을 말해요. 사람들은 일자리를 자유롭게 선택하고, 기업들은 어떤 물건을 만들고 팔지 자유롭게 결정하며, 국가로부터 구속받지 않고 자유롭게 경쟁할 수 있어요.

함께 알기

자본(2.9) · 공산주의(2.11) · 이윤(8.12)

예문 읽기

미국은 대표적인 자본주의 국가 중 하나다.

자본주의 사회에서 물건의 가격은 수요와 공급의 원칙에 따라 결정된다.

★★☆

11월 November | 20 | 세금 / 보험

특약

特특별할 특 約맺을 약 · special agreement

특별한 조건을 붙인 약속

특약은 원래 계약하기로 한 내용은 아니지만 추가로 필요하다고 생각해 계약을 맺는 사람들끼리 약속을 하고 추가하는 계약 내용이에요. 특약은 반드시 추가해야 하는 것이 아니므로 필요한 경우에만 계약할 때 계약서에 추가하면 돼요. 특약이 많아질수록 보험료는 높아져요.

함께 알기

계약서(12.24)

예문 읽기

병원에 입원을 하면 보험금이 나오는 내용을 특약으로 추가했다.

★★☆

2월 February | 11 | 경제 기초

공산주의

共함께 공 産낳을 산 主주인 주 義옳을 의 · communism

재산과 생산 수단을 함께 소유해
계급 없는 평등 사회를 추구하는 사회 경제 체제

자본주의 사회에서는 사람들마다 가진 재산에 차이가 생기는데요. 이런 차이를 없애기 위해 재화나 용역을 만드는 데 필요한 땅, 돈, 노동력 등을 함께 소유하고 생산하며 생산된 재산도 함께 가지는 경제 체제를 공산주의라고 해요. 공산주의 사회에서는 국가의 모든 재산을 함께 소유하기 때문에 사람들의 재산을 인정하지 않아요.

함께 알기

자본주의(2.10)

예문 읽기

북한은 공산주의 경제 체제를 채택한 국가 중 하나다.

★★☆

11월 November | 19 | 세금 / 보험

갱신

更다시 갱 新새 신 · renewal

계약 기간이 끝났을 때 그 기간을 연장하는 것

보험은 계약 기간이 정해져 있으며 계약 기간이 다 됐을 때는 갱신을 해서 기간을 연장할 수 있어요. 보험 계약을 갱신하면 보험의 보장 내용이나 보험료 등이 달라질 수 있어요.

예문 읽기

자동차 보험이 만기가 되어 계약을 갱신했다.

★☆☆

2월 February | 12 | 경제 기초

빈부 격차

貧가난할 빈 富부유할 부 隔사이 뜰 격 差다를 차 · the wealth gap

가난한 사람과 부유한 사람의 경제적 차이

사람들의 자유로운 경제 활동을 허락하는 자본주의 사회에서는 빈부 격차가 발생해요. 그리고 재산이 많은 부유한 사람은 생활비를 쓰고도 남는 돈으로 저축이나 투자 등을 해서 더 큰 부자가 되고, 가난한 사람일수록 생활비로 대부분의 돈을 써서 더욱 가난해지는 현상을 '빈익빈 부익부'라고 합니다.

함께 알기

자본주의(2.10)

예문 읽기

빈부 격차는 자본주의 국가에서 발생하는 문제점 중 하나다.
저소득층과 고소득층의 빈익빈 부익부 현상이 점차 심해지고 있다.

★☆☆

11월 November | 18 | 세금 / 보험

보장

保지킬 보 障막을 장 · coverage

어떤 일이 이루어지도록 보증하는 것

보험마다 보험금을 받을 수 있는 사고나 병의 종류가 정해져 있는데요. 이때 보험금을 받을 수 있는 사고나 병을 가리켜 '보장 내용'이라고 해요. 보험에서 보장하지 않는 사고나 병은 걸려도 보험금을 받을 수 없어요. 보험의 보장 내용은 보험 증권을 보면 알 수 있어요.

함께 알기

보험금(11.11) · 보험 증권(11.17)

예문 읽기

이 보험은 교통사고를 당했을 때 치료비와 입원비를 모두 보장해준다.

★☆☆

2월 February | 13 | 경제 기초

복지

福복 복 祉복 지 · welfare

국민의 편리한 생활을 위해
국가가 제공하는 정책과 시설 등의 혜택

복지는 국민 생활의 질을 높이고 국민들이 편리하고 행복한 삶을 살 수 있도록 국가가 제공하는 여러 혜택이에요. 국가는 생활이 어려운 사람들에게 지원금을 주거나 병을 치료해주기도 하고 지낼 곳 없는 사람들에게 거처를 마련해주는 등 국민들의 복지를 위해 많은 노력을 합니다. 또한 회사가 직원에게 제공하는 혜택도 복지라고 해요.

예문 읽기

정부는 국민들의 복지를 위해 많은 세금을 사용하고 있다.
우리 회사에는 점심을 무료로 제공해주는 복지 제도가 있다.

보험 증권

保지킬 보 險험할 험 證증거 증 券문서 권 · insurance policy

보험 계약의 성립을 증명하는 문서

보험 증권은 보험료는 얼마인지, 계약 기간은 언제까지인지, 보험으로 보장해주는 사고나 병은 무엇인지 등을 적어둔 문서예요. 보험 계약을 하면 보험 회사에서는 고객에게 보험 증권을 줍니다. 보험 증권을 받으면 보험 설계사에게 들은 설명대로 보험 가입이 잘 됐는지 꼭 살펴봐야 해요.

함께 알기

보장(11.18) · 보험 설계사(11.21)

예문 읽기

내가 치료받은 병이 보험금을 받을 수 있는 병인지 보험 증권을 살펴봤다.

★★☆

2월
February

14

경제 기초

횡령

橫가로 횡 領거느릴 령 · embezzlement

공금이나 다른 사람의 돈을 불법으로 차지해 가지는 것

다른 사람의 돈이나 물건을 마음대로 사용하거나 가져가는 것을 횡령이라고 해요. 은행 직원이 고객들이 맡겨둔 돈을 횡령하거나 일반 회사의 직원이나 사장이 회사의 재산을 몰래 가져가는 횡령 사건이 종종 발생합니다. 친구들과 모은 회비를 상의하지 않고 마음대로 사용하는 것도 횡령이에요. 횡령은 범죄이므로 국가의 처벌을 받을 수 있어요.

예문 읽기

사장이 회삿돈을 횡령한 것으로 밝혀져 경찰에 체포됐다.

★★★

11월 November | 16 | 세금 / 보험

수익자

受받을 수 益더할 익 者사람 자 · beneficiary

이익을 얻는 사람

수익자는 본래 이익을 얻는 사람을 말하지만 보험에서 수익자는 보험금을 받는 사람을 말해요. 보통은 피보험자가 보험금을 받지만 사람이 죽었을 경우에 보험금이 나오는 생명 보험은 이미 죽은 피보험자가 보험금을 받을 수 없으므로, 이럴 때는 보험금을 받을 수익자를 정해둬야 해요.

함께 알기

피보험자(11.15) · 생명 보험(11.22)

예문 읽기

내가 가입한 생명 보험의 수익자는 아내로 정해뒀다.

★★☆

2월 February

15

경제 기초

뇌물

賂뇌물 뇌 物물건 물 · bribe

본인의 이익을 위해
권력자에게 주는 부정한 돈이나 물건

국가 운영이나 회사 경영은 정해진 절차와 규칙에 따라 공정하게 처리돼야 해요. 그런데 공무원이나 정치인, 기업인 등에게 절차와 규칙을 어기고 본인에게 유리한 결정을 하도록 부탁하면서 건네는 돈이나 물건을 뇌물이라고 해요. 뇌물은 공정한 결정을 방해하므로 줘서도, 받아서도 안 됩니다.

예문 읽기

사장이 뇌물을 받고 직원을 고용한 것으로 밝혀져 경찰이 수사를 시작했다.

★★★

11월 November | 15 | 세금 / 보험

피보험자

被당할 피 保지킬 보 險험할 험 者사람 자 · insured

보험의 보장을 받는 사람

만약 A라는 사람이 다치거나 병에 걸렸을 때 보험금을 주는 보험에 A가 직접 계약했다면 A는 보험료를 내는 보험 계약자인 동시에 보장을 받는 피보험자예요. 그런데 A가 다치거나 병에 걸렸을 때 보험금을 주는 보험에 B가 계약했다면 A는 보장을 받는 피보험자, B는 보험료를 내는 보험 계약자가 돼요.

함께 알기

보험 계약자(11.14) · 보장(11.18)

예문 읽기

보험 계약은 내가 하고 보험금을 받는 피보험자는 부모님으로 했다.

★☆☆

2월 February | 16 | 경제 기초

공공 기관

公공평할 공 共함께 공 機기계 기 關관계할 관 · government institution

국가의 감독 아래 국민들의
편리한 생활을 위한 일을 하는 기관

공공 기관은 정부의 세금으로 운영되는 기관으로, 국민들이 편리한 생활을 할 수 있도록 관련된 일을 하는 곳이에요. 주변에서 쉽게 볼 수 있는 공공 기관에는 국민들의 교육을 위한 학교, 건강을 위한 보건소, 일상에서 일어나는 여러 일을 처리하는 시청·도청·행정복지센터 등이 있어요.

함께 알기

정부(2.8)

예문 읽기

세종특별자치시에는 우리나라의 중요한 공공 기관들이 모여 있다.

★★★

11월 November | 14 | 세금 / 보험

보험 계약자

契맺을 계 約맺을 약 者사람 자 · policyholder

보험 계약을 맺은 사람

보험에 가입하면 보험 회사와 보험에 가입하는 사람 간에 계약서를 쓰는데요. 이때 보험 계약서에 서명을 하고 계약을 한 사람을 보험 계약자라고 해요. 보험 계약자는 보험료를 내야 하는 사람입니다. 부모님이 자녀를 위해 보험에 가입하는 경우 등도 있기 때문에 보험 계약자와 보험을 보장받는 사람이 다를 수 있어요.

함께 알기

피보험자(11.15) · 보장(11.18) · 계약서(12.24)

예문 읽기

이 보험은 보험 계약자와 보험을 보장받는 사람이 다르다.

★★☆

2월 February | 17 | 경제 기초

산업 혁명

産낳을 산 業일 업 革고칠 혁 命목숨 명 · Industrial Revolution

기술 혁신으로 발생한 사회·경제 구조의 큰 변화

18세기 영국에서 처음 시작돼 전 세계로 퍼져나간 것이 1차 산업 혁명이에요. 1차 산업 혁명으로 사람의 손으로 하던 일을 기계가 하게 됐고, 2차 산업 혁명으로 철강·화학·전기 기술이 발달했으며, 3차 산업 혁명으로 인터넷이 발달하면서 사람들의 생활이 크게 바뀌었어요. 그리고 현재는 4차 산업 혁명 시대로, 인공 지능이 사람들의 일상에 변화를 일으키고 있어요.

예문 읽기

영국에서 시작된 산업 혁명은 농업 사회에서 산업 사회로 바뀌는 계기가 됐다.

★★☆

11월 November | 13 | 세금 / 보험

청구

請청할 청 求구할 구 · claim

돈이나 물건 등을 달라고 요구하는 것

보험에 가입했다고 다치거나 병에 걸리면 보험 회사에서 알아서 보험금을 주지 않아요. 보험 증권에 나와 있는 대로 보험금을 달라고 보험 회사에 요구해야 하는데요. 이것을 '보험금을 청구하다'라고 표현해요. 보험금을 청구할 때는 다치거나 병에 걸렸다는 사실을 증명할 수 있는 서류와 신청서 등을 내야 해요.

함께 알기

보험 회사(11.9) · 보험금(11.11) · 보험 증권(11.17)

예문 읽기

보험 회사에 손목 수술비에 대한 보험금을 청구했다.

1차 산업

一하나 일 次버금 차 產낳을 산 業일 업 · primary industry

자연환경을 직접 이용해
필요한 물건을 얻거나 생산하는 산업

산업은 다양한 재화와 용역을 만들어내는 사업을 말해요. 여러 산업 중 밭에서 기른 채소, 논에서 기른 쌀, 바다에서 잡은 물고기나 조개, 산에서 베어온 나무, 땅에서 캔 석유나 금처럼 자연에서 얻을 수 있는 것들을 그대로 사용하는 산업을 1차 산업이라고 해요.

함께 알기

2차 산업(2.19) · 3차 산업(2.20)

예문 읽기

우리나라는 경제가 발전하면서 1차 산업에서 일하는 사람들이 줄어들고 있다.

還돌아올 환 給줄 급 · refund

도로 돌려주는 것

암에 걸리면 보험금을 받는 암 보험에 가입했는데, 평생 암에 걸리지 않는다면 보험금을 한 푼도 받지 못해요. 대신 이미 낸 보험료를 돌려주는 환급을 받을 수 있는데요. 이때 돌려주는 돈을 '환급금'이라고 해요. 환급금은 보험에 가입한 기간이 길수록 많이 받을 수 있어요. 또한 이미 낸 세금을 돌려받는 것도 환급이라고 해요.

함께 알기

보험료(11.10)

예문 읽기

10년 전 가입한 보험이 만기가 되어 환급금을 받았다.

★★☆

2월 February | 19 | 경제 기초

2차 산업

二두 이 次버금 차 產낳을 산 業일 업 · secondary industry

1차 산업의 생산물을 가공해 물건이나 에너지를 생산하는 산업

2차 산업은 1차 산업에서 만든 것들을 다른 형태로 바꾸거나 새로운 것으로 만드는 산업이에요. 산에서 베어온 나무로 책상을 만드는 것, 바다에서 잡은 참치로 참치 통조림을 만드는 것, 광산에서 캔 철광석으로 자동차를 만드는 것 모두 2차 산업에 해당해요. 다만 논에서 기른 쌀을 포장만 하는 것은 2차 산업으로 보지 않아요.

함께 알기

1차 산업(2.18) · 3차 산업(2.20)

예문 읽기

우리나라는 6·25 전쟁 이후 2차 산업이 발달하면서 빠른 경제 성장을 했다.

보험금

保지킬 보 險험할 험 金돈 금 · benefit

사고가 발생했을 때 보험 회사에서 주는 돈

보험금은 보험에 가입할 때 약속한 금액만큼 보험 회사에서 받을 수 있어요. 그런데 보험에 가입돼있더라도 보험금을 주기로 약속한 사고나 병이 아니면 보험금을 받지 못할 수도 있습니다. 또한 보험료가 높을수록 사고를 당하거나 병에 걸렸을 때 받는 보험금도 높아져요.

함께 알기

보험 회사(11.9) · 보험료(11.10)

예문 읽기

길을 가다가 자전거와 부딪히는 사고를 당해 보험금을 받았다.

★★☆

2월 February | 20 | 경제 기초

3차 산업

三셋 삼 次버금 차 產낳을 산 業일 업 · tertiary industry

1·2차 산업의 생산물을 팔거나
사람의 생활을 편리하게 하는 일을 하는 산업

3차 산업은 재화(물건)를 만드는 것이 아니라 사람의 생활을 편리하게 하는 용역(서비스)을 만드는 산업이에요. 그래서 '서비스 산업'이라고도 불러요. 물건을 사고파는 상인, 아픈 사람을 치료하는 의사, 자동차를 운전하는 운전기사 등이 3차 산업에서 일하는 사람들이에요.

함께 알기

1차 산업(2.18) · 2차 산업(2.19)

예문 읽기

경제가 발전할수록 전체 산업에서 3차 산업의 비중이 커지는 모습을 보인다.

★★☆

11월 November

10

세금 / 보험

보험료

保지킬 보 險험할 험 料요금 료 · premium

보험에 가입한 사람이 보험 회사에 내는 돈

보험에 가입한 사람은 정해진 보험료를 보험 회사에 내야 해요. 보험료를 내지 않으면 가입한 보험은 무효가 됩니다. 보험 회사에서는 고객들이 낸 보험료를 모아뒀다가 다치거나 병에 걸리는 사람이 생기면 이 돈으로 보험금을 내어 줘요.

함께 알기

보험 회사(11.9) · 보험금(11.11)

예문 읽기

A보험은 매달 10만 원씩 20년 동안 보험료를 내면 평생 보장받을 수 있는 보험이다.

★☆☆

2월 February | 21 | 경제 기초

선진국

先먼저 선 進나아갈 진 國나라 국 · advanced country

다른 국가보다 정치·경제·기술·문화 등의 발달이 앞선 국가

세계에는 200개가 넘는 국가가 있어요. 그중 정치, 경제, 기술, 문화 등의 발달 수준이 다른 국가에 비해 높은 국가를 선진국이라고 해요. 대표적으로 미국, 영국, 독일, 프랑스, 일본 등이 있어요.

함께 알기

개발도상국(2.22)

예문 읽기

우리나라는 6·25전쟁 이후 국민들의 노력과 기업들의 적극적인 기술 개발로 빠르게 선진국 반열에 올랐다.

보험 회사

保지킬 보 險험할 험 會모일 회 社모일 사 · insurance company

보험업을 하는 회사

보험 회사는 사람들에게 필요한 보험 상품을 만들고 판매하는 곳으로, 보험에 가입한 사람들의 보험료로 운영되는 회사예요. 보험 회사는 사람들이 받아가는 보험금이 너무 많아지면 손해를 볼 수도 있기 때문에 회사의 이윤을 보장하면서 많은 사람이 가입할 수 있는 보험 상품을 만들어요.

함께 알기

보험료(11.10) · 보험금(11.11)

예문 읽기

A보험 회사와 B보험 회사에서 판매하는 보험 상품을 꼼꼼히 비교해보고 가입했다.

개발도상국

開열 개 發필 발 途길 도 上위 상 國나라 국 · developing country

산업과 경제 개발이
선진국에 비해 뒤떨어진 국가

개발도상국은 선진국의 반대 개념으로 보통 사용되지만, 특히 산업과 경제의 발달 수준이 선진국에 비해 뒤떨어진 국가를 말해요. 개발도상국은 앞으로 개발을 통해 충분히 선진국이 될 수 있는 가능성을 갖고 있어요.

함께 알기

선진국(2.21)

예문 읽기

A국가는 개발도상국에서 선진국으로의 발돋움을 시작했다.

★☆☆

11월 November | 8 | 세금 / 보험

보험

保지킬 보 險험할 험 · insurance

미리 일정한 돈을 적립해뒀다가 사고를 당하면 보상받는 제도

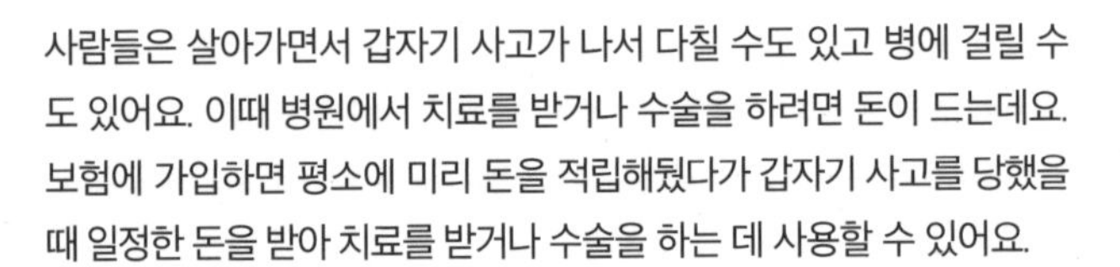

사람들은 살아가면서 갑자기 사고가 나서 다칠 수도 있고 병에 걸릴 수도 있어요. 이때 병원에서 치료를 받거나 수술을 하려면 돈이 드는데요. 보험에 가입하면 평소에 미리 돈을 적립해뒀다가 갑자기 사고를 당했을 때 일정한 돈을 받아 치료를 받거나 수술을 하는 데 사용할 수 있어요.

예문 읽기

노후에 건강이 나빠져 병원에서 치료받을 때를 대비해 보험에 가입했다.

★★☆

2월 February | 23 | 경제 기초

국내 총생산(GDP)

國나라 국 內안 내 總거느릴 총 生날 생 産낳을 산 · Gross Domestic Product

한 국가 안에서 일정 기간 동안 생산한 재화와 용역의 부가 가치를 합한 값

국내 총생산은 한 국가의 경제 수준을 분석하고 다른 국가와 비교할 때 사용하는 가장 대표적인 숫자예요. 보통 1년 동안 한 국가 안에서 만들어진 모든 재화와 용역의 부가 가치를 합한 값을 말해요. 국내 총생산을 인구수로 나눈 값을 '1인당 국내 총생산'이라고 합니다.

함께 알기

국민 총생산(2.24) · 부가 가치(4.6)

예문 읽기

2022년 기준 우리나라의 국내 총생산은 전 세계 13위 수준이다.

사우디아라비아의 석유 산업은 GDP의 약 30%가 넘을 정도로 비중이 크다.

고지서

告알릴 고 知알 지 書책 서 · bill

세금이나 부담금 등을 내도록 알리는 문서

세금이나 전기 요금, 수도 요금, 과태료 등 내야 하는 돈을 언제까지, 얼마를, 어디로 내야 하는지 등을 알려주는 문서를 고지서라고 해요. 고지서는 종이로 받거나 휴대폰 또는 컴퓨터로 온라인 고지서를 받을 수도 있어요.

예문 읽기

이번 달부터 휴대폰 요금 고지서를 이메일로 받고 있다.

★★☆

2월 February

24

경제 기초

국민 총생산(GNP)

國나라 국 民백성 민 總거느릴 총 生날 생 産낳을 산 · Gross National Product

한 국가의 국민이 국내외에서 일정 기간 동안 생산한 재화와 용역의 부가 가치를 합한 값

우리나라에서 만들어진 재화와 용역이라도 외국 사람이 만든 것은 국민 총생산에 포함되지 않고, 반대로 외국에서 만들어진 재화와 용역이라도 우리나라 사람이 만든 것은 국민 총생산에 포함돼요. 최근 국가 간 경제 교류가 활발해지면서 다른 국가와 경제 수준을 비교할 때 국민 총생산보다 국내 총생산이 더 중요해지고 있어요.

함께 알기

국내 총생산(2.23) · 부가 가치(4.6)

예문 읽기

첨단 산업의 발달로 GNP에서 농업이 차지하는 비중이 크게 감소했다.

★★☆

11월
November

6

세금 / 보험

지로

giro

돈을 보내는 사람이 받는 사람의
은행 계좌에 돈을 넣어주는 방법

지로는 공과금을 낼 때 결제하는 방법 중 하나예요. 각 기관에서는 세금이나 천기 요금, 건강보험료 등이 적힌 지로 통지서를 사람들에게 보내고 그것을 가지고 은행에 가서 돈을 내면 은행은 각 기관의 계좌로 사람들이 낸 돈을 입금해주는 결제 방법이에요.

함께 알기

결제(4.11) · 공과금(11.5)

예문 읽기

이번 달 수도 요금은 은행에서 지로로 납부했다.

★☆☆

2월 February | 25 | 경제 기초

인프라

infrastructure

생활의 기반이 되는 중요한 시설물

사람이 생활하거나 기업이 사업을 하기 위해서는 여러 시설이 필요한데요. 도로, 항구, 철도, 발전소뿐만 아니라 통신 시설, 병원, 공원 등도 있어야 해요. 이처럼 사람들의 생활과 경제 활동을 보다 편리하게 해주는 바탕이 되는 시설들을 인프라라고 합니다.

예문 읽기

인프라가 잘 갖춰진 도시로 사람들이 몰리고 있다.

★☆☆

11월 November | 5 | 세금 / 보험

공과금

公공평할 공 課부과할 과 金돈 금 · utilities

국가나 공공 단체가 부과하는 돈

공과금은 주로 세금으로 내는 돈을 의미하지만 넓게는 세금뿐만 아니라 수도 요금, 전기 요금 등도 공과금이라고 해요. 공과금은 지로나 계좌 이체, 신용 카드 등으로 낼 수 있으며 고정적으로 지출되는 비용인 경우가 많아요. 공과금은 '공공요금'이라고도 불러요.

함께 알기

지로(11.6)

예문 읽기

매달 고정적으로 나가는 공과금은 자동 이체로 내고 있다.

★☆☆

2월 February | 26 | 경제 기초

제조업

製지을 제 造지을 조 業일 업 · manufacturing

물건 등을 대량으로 만드는 사업

일상에서 사용하는 컴퓨터, 자동차, 휴대폰, 옷 같은 물건들이 모두 제조업 회사에서 만든 것들이에요. 우리나라는 1960년대에는 신발이나 가발처럼 작고 가벼운 물건을 만드는 제조업이 발달했고, 1970년대에는 철이나 석유 제품 등을 만드는 제조업이 발달했어요.

함께 알기

2차 산업(2.19)

우리나라의 선박 제조업 기술은 세계적으로 인정받고 있다.

누진세

累여러 누 進나아갈 진 稅세금 세 · progressive tax

수량이나 값이 증가할수록 높은 세율을 적용하는 세금

세금으로 부과해야 하는 금액이 클수록 높은 세율로 매기는 세금을 누진세라고 해요. 누진세 때문에 1년에 2,000만 원을 버는 사람과 5,000만 원을 버는 사람의 세율이 달라집니다. 정부에서 누진세를 부과하는 이유는 소득이 많은 사람에게는 세금을 많이 걷고 적은 사람에게는 적게 거둬 국민들의 소득이 고르게 분배되도록 하기 위해서예요.

함께 알기

세율(10.9)

예문 읽기

소득이 늘어나면 누진세 때문에 세금도 더 많이 내야 한다.

원자재

原근원 원 資재물 자 材재료 재 · raw materials

제품을 만드는 데 들어가는 재료

제품을 만들기 위해 필요한 여러 재료를 원자재라고 해요. 책상을 만드는 데 필요한 나무, 자동차를 만드는 데 필요한 철과 플라스틱, 자장면을 만드는 데 필요한 밀가루 등이 모두 원자재예요. 원자재는 제품을 만드는 데 꼭 필요하기 때문에 원자재 가격이 오르면 제품들의 판매 가격도 올라가요.

예문 읽기

밀가루와 우유 등의 원자재 가격이 올라 빵 가격도 함께 올랐다.

★★☆

11월
November

3

세금 / 보험

부가 가치세

附붙을 부 加더할 가 價값 가 値값 치 稅세금 세 · VAT(Value Added Tax)

재화나 용역의 부가 가치에 부과하는 세금

재화나 용역은 만들어지는 과정에서 많은 부가 가치가 더해지는데요. 소비자가 최종적으로 재화나 용역을 살 때 내는 물건값은 모든 부가 가치를 더한 값이에요. 그리고 부가 가치세는 물건값에 포함된 세금으로, 우리나라에서는 물건값의 10%를 부가 가치세로 내요. 부가 가치세는 줄여서 '부가세'라고도 불러요.

함께 알기

부가 가치(4.6)

예문 읽기

1만 원짜리 물건에는 1,000원의 부가 가치세가 붙는다.

★★☆

2월 February | 28 | 경제 기초

공공재

公공평할 공 共함께 공 財재물 재 · public goods

사람들이 공동으로 사용하는 재화·용역·시설

주인이 있는 다른 사람의 물건은 주인의 허락을 받은 뒤에 사용해야 해요. 그런데 주인이 따로 없어 누구나 자유롭게 사용할 수 있는 재화, 용역, 시설을 공공재라고 합니다. 도로, 다리, 공원, 도서관 등이 대표적인 공공재예요. 공공재는 돈을 내지 않아도, 허락을 받지 않아도 누구나 사용할 수 있어요.

예문 읽기

초등학교 교육은 우리나라 국민이라면 누구나 누릴 수 있는 공공재다.

★★☆

11월 November | 2 | 세금 / 보험

교육세

敎가르칠 교 育기를 육 稅세금 세 · educational tax

의무 교육에 필요한 비용을 마련하기 위해 부과하는 세금

우리나라 국민이라면 국가가 책임지고 지원하는 초등학교와 중학교 교육은 반드시 받아야 해요. 이처럼 국가가 국민들의 교육에 필요한 돈을 마련하기 위해 거두는 세금을 교육세라고 해요.

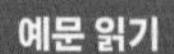

자동차에 넣는 휘발유나 경유, 술이나 담배 값에도 교육세가 포함돼있다.

2월 퀴즈

1. 계속되는 □□□□□ 으로 국민들의 생활이 어려워지고 있다. (2.1)
2. 경기가 나쁜데도 물가가 계속 오르면서 □□□□□□□ 이 발생할 가능성이 높아지고 있다. (2.4)
3. 우리나라 □□ 와 미국 □□ 는 경제 협력을 약속했다. (2.8)
4. □□□□ 사회에서 물건의 가격은 수요와 공급의 원칙에 따라 결정된다. (2.10)
5. 북한은 □□□□ 경제 체제를 채택한 국가 중 하나다. (2.11)
6. □□ □□ 는 자본주의 국가에서 발생하는 문제점 중 하나다. (2.12)
7. 정부는 국민들의 □□ 를 위해 많은 세금을 사용하고 있다. (2.13)
8. 세종특별자치시에는 우리나라의 중요한 □□ □□ 들이 모여 있다. (2.16)
9. 2022년 기준 우리나라의 □□ □□□ 은 전 세계 13위 수준이다. (2.23)
10. □□□ 가 잘 갖춰진 도시로 사람들이 몰리고 있다. (2.25)

★★★

11월 November | 1 | 세금 / 보험

증여세

贈줄 증 與더불 여 稅세금 세 · gift tax

다른 사람의 재산을 받은 사람에게 부과하는 세금

증여는 물건이나 돈 등의 재산을 선물로 주는 것을 말해요. 증여세란 다른 사람의 재산을 받았을 때 내야 하는 세금이에요. 부모와 자녀 간에 주고받은 돈, 부부 간에 주고받은 돈도 금액이 크면 증여세를 내야 해요.

함께 알기

상속세(10.31)

예문 읽기

신혼부부에게는 부모님에게 받은 3억 원까지 증여세를 면제해준다.

3월
경제 기초

11월
세금/보험

지출

支지탱할 지 出날 출 · expenditure

어떤 목적을 위해 돈을 쓰는 것

지출은 생활에 필요한 음식, 옷, 책 등 재화나 용역을 사는 데 돈을 쓰는 것을 말해요. 사람들은 식료품비, 의류비, 교통비, 통신비 등의 비용을 지출하면서 살아가요. 또한 이런 비용 외에도 세금, 보험료, 대출 이자 등을 내는 것도 지출에 해당해요.

함께 알기

수입(1.18) · 비용(3.12)

예문 읽기

이번 달에는 생일인 친구가 많아 선물을 사느라 지출이 많았다.

10월 퀴즈

1. 정부는 국민들로부터 □□을 거둬 국가를 운영한다. (10.1)

2. 정부는 홍수로 피해를 입은 사람들의 □□ 기한을 연장해주기로 했다. (10.2)

3. 외국으로 출국하기 전에 □□□에서 평소에 갖고 싶었던 지갑을 싸게 샀다. (10.8)

4. 높아진 □□ 때문에 국민들의 세금 부담이 커지고 있다. (10.9)

5. 중국은 미국산 수입 제품에 높은 관세를 □□했다. (10.10)

6. 정부는 형편이 어려운 중소기업에 대해 세금을 □□해주고 있다. (10.14)

7. 새로운 도로를 건설하는 데 10억 원이 넘는 국가 □□이 사용됐다. (10.15)

8. 정부는 일자리를 구하는 청년들을 돕고자 청년구직활동 □□□을 주고 있다. (10.22)

9. 납부할 세금을 계산하기 위해 □□□를 찾아갔다. (10.25)

10. 올해는 작년보다 연봉이 올라 □□□도 더 많이 냈다. (10.28)

★☆☆

3월 March | 2 | 경제 기초

고정 지출

固굳을 고 定정할 정 支지탱할 지 出날 출

가계에서 매달 일정한 돈을 지출해야 하는 것

지출 중 매달 정해진 돈을 써야 하는 것을 고정 지출이라고 해요. 고정 지출의 종류와 금액은 가계마다 다르지만 보통은 전기 요금, 가스 요금, 수도 요금, 관리비, 보험료 등이 있어요. 고정 지출은 매번 비슷한 금액인 경우가 많기 때문에 소비 계획을 세울 때 고정 지출을 먼저 정리하면 좋아요.

함께 알기

지출(3.1) · 가계(3.25)

예문 읽기

매달 30만 원씩 학원비가 고정 지출로 나가고 있다.

★★★

10월 October | 31 | 세금 / 보험

상속세

相서로 상 續이을 속 稅세금 세 · estate tax

물려받은 재산에 부과하는 세금

사람이 죽으면 그 사람이 갖고 있던 재산을 다른 사람에게 물려주는데요. 주로 가족들에게 물려주는 경우가 많아요. 이때 재산을 물려받는 것을 상속이라고 하며 그것에 부과하는 세금을 상속세라고 해요. 물려받는 사람이 여러 명이면 물려받은 재산의 비율에 따라 상속세가 부과돼요.

함께 알기

증여세(11.1)

예문 읽기

A기업의 회장은 물려받은 회사의 상속세를 내기 위해 본인 재산 중 일부를 처분했다.

★☆☆

3월 March | 3 | 경제 기초

과소비

過지날 과 消사라질 소 費쓸 비 · overspending

돈이나 물건 등을 지나치게 많이 써서 없애는 것

소비하고 싶은 욕망을 조절하지 못하면 과소비를 하게 돼요. 필요 없는 물건을 사거나 본인이 쓸 수 있는 돈에 비해 지나치게 비싼 물건을 사면 소비가 늘어나고 갖고 있는 돈은 줄어들죠. 만약 쓸 수 있는 돈이 1만 원밖에 없는데, 과자를 사 먹는 데 9,500원을 썼다면 과소비를 한 거예요.

함께 알기

충동구매(3.4)

예문 읽기

과소비는 잠깐의 만족감은 주지만 많이 하면 경제 생활이 힘들어질 수 있다.

좋아하는 옷 브랜드에서 신상품이 나오면 매번 과소비를 해서 나중에 후회할 때가 많다.

법인세

法법 법 人사람 인 稅세금 세 · corporate tax

법인의 소득에 부과하는 세금

개인이 아니라 법에 의해 사업 등을 할 수 있는 권리를 부여받은 회사나 단체를 법인이라고 해요. 그리고 법인이 벌어들인 소득에 대해 부과하는 세금을 법인세라고 합니다. 회사에서 벌어들이는 소득이 많을수록 법인세도 많이 내야 해요.

함께 알기

소득(1.19)

예문 읽기

정부는 기업의 세금 부담을 줄이고 투자를 활성화하기 위해 법인세를 내리기로 결정했다.

★★☆

3월 March | 4 | 경제 기초

충동구매

衝찌를 충 動움직일 동 購살 구 買살 매 · impulse buying

재화나 용역 등을 살 필요나 마음이 없는데도 갑자기 사고 싶어져서 사는 것

사고 싶은 마음이 없었는데 식당에 신 메뉴가 나와서, 마트에서 1+1 행사를 해서, 광고 속 물건이 너무 좋아 보여서 무언가를 산 적 있나요? 그럼 충동구매를 한 거예요. 충동구매는 계획에 없던 소비를 갑자기 하는 것으로, 대부분 시간이 지나면 후회를 하는 경우가 많아요.

함께 알기

과소비(3.3)

예문 읽기

홈쇼핑에서 충동구매한 러닝머신을 자주 사용하지 않아 산 것을 후회하고 있다.

★★☆

10월 October | 29 | 세금 / 보험

재산세

財재물 재 産낳을 산 稅세금 세 · property tax

일정한 재산에 부과하는 세금

재산세는 갖고 있는 재산에 부과하는 세금으로, 재산이 많을수록 많이 내야 해요. 여기서 말하는 재산은 땅이나 건물, 배, 비행기 등이고 자동차는 '자동차세'라는 이름으로 세금을 따로 내기 때문에 재산세 부과 대상이 아니에요. 재산세는 지방세에 포함되기 때문에 그 지역의 세금으로 사용돼요.

함께 알기

지방세(10.27)

예문 읽기

내가 갖고 있는 아파트에 대한 재산세 고지서를 받았다.

★☆☆

3월 March

5

경제 기초

사은품

謝사례할 사 恩은혜 은 品물건 품 · free gift

특정 물건 등을 사거나 이용한 사람에게 감사의 의미로 주는 물건

사은품은 주로 기업에서 사람들이 물건을 사도록 유도하는 방법 중 하나예요. 같은 가격인 A우유와 B우유 중 A우유를 사면 요구르트 하나를 사은품으로 준다면 소비자는 A우유를 살 가능성이 더 높아요. 화장품을 사면 주는 샘플 제품 등이 사은품에 해당해요.

예문 읽기

서점에서 책을 사고 사은품으로 연필을 받았다.

소득세

所바 소 得얻을 득 稅세금 세 · income tax

개인의 1년 동안 소득에 부과하는 세금

소득세는 어떤 소득인지에 따라 세금의 종류가 나눠지는데요. 일을 해서 얻은 소득에 부과하는 소득세는 근로 소득세, 사업을 해서 얻은 소득에 부과하는 소득세는 사업 소득세, 복권 당첨금 같은 일시적으로 얻은 소득에 부과하는 소득세는 기타 소득세예요. 소득이 많으면 소득세도 많이 내야 해요.

함께 알기

소득(1.19)

예문 읽기

올해는 작년보다 연봉이 올라 소득세도 더 많이 냈다.

★☆☆

3월 March | 6 | 경제 기초

생필품

生날 생 必반드시 필 品물건 품 · daily necessity

일상생활에 반드시 있어야 하는 물건

사람이 살면서 사용하는 여러 물건 중 생활에 꼭 필요한 물건을 생필품이라고 해요. TV, 자동차, 가구 등은 없어도 살 수 있지만 생존을 위해 꼭 필요한 먹을거리, 몸을 보호해주는 옷, 또한 평소에 자주 사용하는 휴지·세제·비누·칫솔·치약 등은 일상생활에 꼭 필요한 생필품이에요.

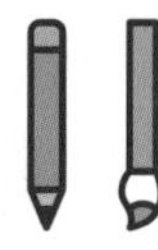

함께 알기

사재기(3.7)

예문 읽기

정부는 홍수로 어려움을 겪는 국가에 생필품을 보내 도움을 주기로 했다.

★★☆

10월 October | 27 | 세금 / 보험

지방세

地땅 지 方모 방 稅세금 세 · local tax

지방자치단체가 주민에게 부과해 거두는 세금

우리나라의 세금은 크게 국세와 지방세로 나눠져요. 그중 지방세는 부산시청이나 제주도청처럼 지방자치단체에서 그 주민을 대상으로 부과하는 세금이에요. 부산 시민들이 낸 지방세는 부산시의 살림을 사는 데 사용돼요.

함께 알기

국세(10.26)

예문 읽기

지난해 거둬들인 지방세는 주민 복지를 위해 사용될 예정이다.

★★☆

사재기

panic buying

필요 이상으로 물건을 사들이는 것

물건의 가격이 오르는 시기에는 나중에 더 비싼 가격에 사야 할 수도 있기 때문에 물건을 미리 사두는 경우가 있어요. 그런데 필요한 양보다 훨씬 많이 사가는 사람들이 있는데요. 물건 가격이 오르면 사둔 것을 팔아 돈을 벌기 위한 목적이에요. 이것을 사재기라고 합니다. 사재기를 하면 정말 물건이 필요한 사람이 사지 못하게 될 수도 있어요.

함께 알기

생필품(3.6)

예문 읽기

코로나19 때문에 마스크를 사재기하는 사람들이 늘어났다.

★★☆

10월 October | **26** | 세금 / 보험

국세

國나라 국 稅세금 세 · national tax

국가가 국민에게 부과해 거두는 세금

우리나라의 세금은 크게 국세와 지방세로 나눠져요. 그중 국세는 국가가 국민들을 대상으로 부과하는 세금이에요. 국세는 국가 전체를 위해 사용되는 세금으로, 국세의 종류에는 소득세, 법인세, 상속세, 증여세, 교육세, 부가 가치세 등이 있어요.

함께 알기

지방세(10.27)

예문 읽기

사고파는 상품에 부과되는 부가 가치세는 국세에 포함된다.

★★★

3월 March | 8 | 경제 기초

유동성

流흐를 유 動움직일 동 性성질 성 · liquidity

자산을 현금으로 바꿀 수 있는 정도

경제에서 유동성은 필요할 때 얼마나 빠르게 현금을 마련할 수 있는지를 의미해요. 지금 갖고 있는 돈이나 은행에 맡겨둔 예금은 바로 현금으로 바꿀 수 있기 때문에 유동성이 높은 자산이고, 반대로 부동산은 팔고 싶을 때 당장 팔아 현금으로 바꿀 수 없기 때문에 유동성이 낮은 자산이에요.

함께 알기

현금(5.4) · 예금(6.8) · 부동산(9.1)

예문 읽기

주식은 유동성이 높아 언제든 현금으로 바꿀 수 있다.

★★☆

10월 October | 25 | 세금 / 보험

세무사

稅세금 세 務힘쓸 무 士선비 사 · tax accountant

세금에 관한 일을 전문적으로 하는 사람

세금은 종류도 다양하고 얼마를 내야 하는지 계산하는 방법도 복잡해요. 또한 세금과 관련된 법도 자주 바뀌기 때문에 일반 사람이 모든 내용을 알기는 쉽지 않아요. 그래서 사람들은 세금 전문가인 세무사에게 본인의 세금에 관한 일을 맡기고 세무사는 그 일을 대신 처리해줘요.

예문 읽기

납부할 세금을 계산하기 위해 세무사를 찾아갔다.

★★☆

3월
March

9

경제 기초

기축 통화

基기초 기 軸굴대 축 通통할 통 貨재화 화 · world currency

국가 간 결제나 금융 거래의 기본이 되는 화폐

세계의 200개가 넘는 국가에서는 모두 다른 화폐를 사용해요. 그런데 국가 간 경제 교류가 많아지면서 거래할 때 기본이 되는 화폐로서 기축 통화가 필요해졌어요. 현재 세계적으로 사용되는 기축 통화는 미국의 달러로, 미국이 달러를 얼마나 발행하느냐에 따라 세계 경제에 많은 영향을 줍니다.

함께 알기

통화(1.25)

예문 읽기

세계에서 원유(석유)는 기축 통화인 달러로 거래된다.

★★★

10월 October | 24 | 세금 / 보험

국채

國나라 국 債빚 채 · government bond

국가가 발행하는 채권

국가를 운영하는 데는 어마어마하게 많은 돈이 필요해요. 그런데 국민들로부터 걷은 세금만으로 부족한 경우에 국가에서는 채권을 발행해 필요한 돈을 마련하기도 하는데요. 이처럼 국가에서 발행하는 채권을 국채라고 해요.

함께 알기

채권(10.23)

예문 읽기

A국가는 예산 적자를 메우기 위해 국채를 발행했다.

★★☆

3월
March

10

경제 기초

거품

bubble

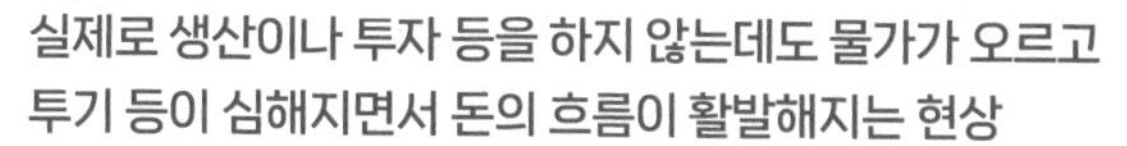
실제로 생산이나 투자 등을 하지 않는데도 물가가 오르고
투기 등이 심해지면서 돈의 흐름이 활발해지는 현상

마치 거품처럼 실제 가치보다 부풀려져 주식이나 부동산이 비싼 가격에 거래되고 물가가 오르는 등의 경제 상황을 가리켜 거품이라고 해요. 영어 단어를 사용해 '버블bubble'이라고도 표현합니다. 실제로는 5억 원 정도의 가치를 가진 부동산이 10억 원에 거래되고 있다면 거품이 있다고 할 수 있어요.

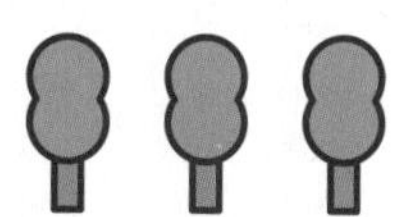

함께 알기

생산(1.4) · 투자(7.1) · 투기(7.2)

예문 읽기

일본은 1990년 초 버블 경제가 무너진 이후 2000년대 초반까지 긴 불황을 겪었다.

★★★

10월 October | 23 | 세금 / 보험

채권

債빚 채 券문서 권 · bond

국가나 기업 등이 필요한 돈을 빌리기 위해 발행하는 증서

국가나 기업을 운영하기 위해서는 많은 돈이 필요해요. 갖고 있는 돈이 충분하면 좋겠지만 그렇지 못하다면 다른 방법을 사용해야 하죠. 이때 국가나 기업은 채권을 발행해 필요한 돈을 마련하기도 하는데요. 채권은 돈을 빌리면서 언제까지 돌려주겠다는 것을 표시해 발행하는 증서예요.

함께 알기

국채(10.24)

예문 읽기

A증권 회사는 자본금을 마련하기 위해 4,000억 원의 채권을 발행했다.

★☆☆

3월 March | 11 | 경제 기초

절약

節아낄 절 約아낄 약 · saving

돈이나 자원 등을 함부로 쓰지 않고
꼭 필요한 곳에만 써서 아끼는 것

돈을 절약하려면 먼저 1주일이나 1개월 동안 쓸 금액을 미리 정하고 어떻게 쓸지 계획을 세워요. 그리고 계획에 따라 돈을 쓴 뒤 어디에 어떻게 썼는지, 추가로 절약할 수 있는 부분은 없는지 살펴봐야 해요. 평소 물, 전기, 연료, 종이 등을 아껴 쓰는 것도 자원을 절약하는 거예요.

예문 읽기

철수는 용돈을 절약해 불우 이웃을 돕는 기관에 기부했다.
어머니는 절약 정신이 몸에 배어 사용하지 않는 전등은 꼭 꺼두신다.

★☆☆

10월
October

22

세금 / 보험

지원금

支지탱할 지 援도울 원 金돈 금 · subsidy

어려움을 겪는 사람들을 돕기 위해 주는 돈

정부는 국민들로부터 거둔 세금을 어려운 상황에 처한 사람들을 위해 사용하기도 하는데요. 이처럼 도움이 필요한 사람이나 단체에게 주는 돈을 지원금이라고 해요. 정부에서 주는 지원금뿐만 아니라 기업에서 주는 지원금도 있어요.

예문 읽기

정부는 일자리를 구하는 청년들을 돕고자 청년구직활동 지원금을 주고 있다.

비용

費쓸 비 用쓸 용 · cost

어떤 일을 하는 데 드는 돈

여행을 하는 데 든 비용이 100만 원이라는 것은 여행을 하면서 사용한 숙박비, 식비, 교통비 등이 모두 100만 원이라는 의미예요. 이처럼 비용은 사람이나 기업이 어떤 일을 하는 데 드는 돈을 말해요. 여러 개 중 어느 것을 선택하든 똑같은 만족을 얻는다면 비용이 낮은 것을 선택하는 것이 합리적이에요.

함께 알기

지출(3.1)

예문 읽기

A과자 회사는 포장 비용을 아끼기 위해 기존 과자 포장지보다 저렴한 새 포장지를 개발했다.

★★☆

10월 October | 21 | 세금 / 보험

공제

控당길 공 除덜 제 · deduction

내야 할 값에서 일정한 금액이나 수량을 빼는 것

정부에서는 사람들의 소득에 따라 내야 할 세금을 결정해요. 그런데 연말 정산을 할 때 1년 동안 돈을 어디에 썼는지 국세청에 관련 자료를 내면 내야 할 세금에서 일정 금액을 빼주는데요. 이것을 공제라고 해요. 100만 원의 세금을 내야 하는 사람이 10만 원을 공제받으면 90만 원만 내면 되는 것이죠.

함께 알기

연말 정산(10.20)

예문 읽기

정부는 새로운 일자리를 만들기 위해 투자한 기업에게 세금 공제 혜택을 주고 있다.

★★☆

3월 March

13

경제 기초

기회비용

機기회 기 會모일 회 費쓸 비 用쓸 용 · opportunity cost

어떤 것을 선택했을 때 포기하게 되는 것 중
가치가 가장 큰 것의 비용

마트에서 1,000원으로 700원짜리 과자와 700원짜리 아이스크림 중 무엇을 살지 고민하다가 과자를 사 먹었다고 가정해봐요. 이때 과자를 먹기 위해 포기한 아이스크림을 먹었을 때 얻을 수 있는 만족감이 기회비용이에요. 기회비용은 돈이 될 수도, 만족감이 될 수도, 시간이 될 수도 있어요.

함께 알기

비용(3.12)

예문 읽기

민수가 영희와 영화를 보러 가기 위해 포기한 기회비용은 가족들과의 저녁 식사다.

★★★

10월 October | 20 | 세금 / 보험

연말 정산

年해 연 末끝 말 精찧을 정 算셈 산

1년 동안 과세한 소득세에 대해
다음 연도에 정확한 금액을 정산하는 것

정부에서는 1년 동안 사람들이 내야 하는 대략적인 세금을 먼저 거둬가고 다음 연도가 되면 지난 1년 동안 원래 내야 했을 세금을 정확히 계산해서 알려줘요. 그리고 지난 1년 동안 낸 세금과 정확히 계산한 세금을 비교해 많이 냈으면 다시 돌려주고 덜 냈으면 더 거둬가요. 이것을 한 해의 마지막에 하는 계산이라는 의미로 연말 정산이라고 해요.

함께 알기

소득세(10.28)

예문 읽기

연말 정산을 통해 이미 낸 세금 중 5만 원을 돌려받았다.

★★☆

3월 March | 14 | 경제 기초

매몰비용

埋묻을 매 沒잠길 몰 費쓸 비 用쓸 용 · sunk cost

이미 사용한 비용 중 회수할 수 없는 비용

돈뿐만 아니라 시간도 매몰비용이 될 수 있어요. 유명한 식당에서 밥을 먹기 위해 1시간 동안 기다렸다면 이미 사용한 1시간이 매몰비용이에요. 이때 만약 1시간을 더 기다려야 그 식당에서 밥을 먹을 수 있다면 차라리 기다리지 않아도 되는 옆 식당에 가는 것이 더 나은 선택일 수 있어요.

함께 알기

비용(3.12)

예문 읽기

매몰비용이 아까워 망설이다가는 일을 망칠 수도 있다.

★★☆

10월 October | 19 | 세금 / 보험

현금 영수증

現나타날 현 金돈 금 領거느릴 영 收거둘 수 證증거 증

현금 결제에 대해 발행해주는 영수증

카드로 물건을 사고 결제하면 기록이 남지만 현금으로 물건을 사고 결제하면 기록이 남지 않기 때문에 정부에서는 세금을 제대로 부과할 수가 없어요. 그래서 국세청에서는 현금으로 거래되는 돈의 탈세를 막기 위해 현금 영수증 제도를 만들었어요. 가게에서 물건을 사고 현금을 내면서 현금 영수증을 발행해달라고 말하면 돼요.

함께 알기

결제(4.11) · 현금(5.4) · 탈세(10.3)

예문 읽기

편의점에서 음료수를 사고 현금을 내면서 현금 영수증을 발행해달라고 했다.

★☆☆

3월 March | **15** | 경제 기초

손해

損덜 손 害해로울 해 · loss

물질적 또는 정신적으로 밑지는 것

얻은 것보다 잃은 것이 많거나 무언가 피해를 보는 것을 손해라고 해요. 1,000원에 사온 물건을 900원에 팔면 손해를 보고 파는 것이죠. 저축과 투자의 가장 큰 차이점은 손해예요. 저축을 하면 손해 보는 일이 없지만, 투자를 하면 저축보다 큰돈을 벌 수도 있지만 그만큼 손해를 볼 수도 있어요.

함께 알기

이익(3.16) · 저축(5.9) · 투자(7.1)

예문 읽기

작년에 산 주식의 가격이 많이 떨어져 큰 손해를 봤다.
A공장은 이번 화재로 기계들이 모두 불타버려서 큰 손해를 입었다.

★★☆

10월 October

18

세금 / 보험

세무서

稅세금 세 務힘쓸 무 署관청 서 · tax office

내국세에 관한 업무를 하는 지방 세무 행정 관청

서울지방국세청, 대전지방국세청처럼 각 지역에는 1개의 국세청이 있어요. 그런데 국세청에서 한 도시의 세금과 관련된 모든 일을 처리하기는 어려우므로 한 도시 안에서 지역을 나눠 여러 개의 세무서를 두는데요. 서울에는 종로세무서, 용산세무서 등 여러 개의 세무서가 있어요.

함께 알기

국세청(10.17)

예문 읽기

세금 관련 문의를 하기 위해 우리 집에서 가장 가까운 동대문세무서를 방문했다.

★☆☆

3월 March | 16 | 경제 기초

이익

利이로울 이 益더할 익 · profit

물질적 또는 정신적으로 남는 것

잃은 것보다 얻은 것이 많은 것을 이익이라고 해요. 흔히 쓴 돈보다 번 돈이 많을 때 이익을 얻었다고 합니다. 1,000원에 산 물건을 1,200원에 팔면 200원 이익을 본 것이죠. 또한 돈이 아닌 것이 남아도 이익이라고 해요. 평소에 내가 인사를 잘 해서 친구들이 나를 좋아하게 됐다면 인사를 잘 하는 것이 나에게 이익이 되는 일이라고 할 수 있어요.

함께 알기

손해(3.15)

A회사는 새로 출시한 스마트폰이 인기를 끌면서 사상 최대 이익을 달성했다.

국세청

國나라 국 稅세금 세 廳관청 청 · National Tax Service

내국세를 부과하고 거두는 정부 기관

국세청은 우리나라의 국세 중 내국세와 관련된 일을 하는 정부 소속 기관이에요. 국세청에서는 사람들이 내야 하는 세금이 얼마인지 알려주고 세금에 대한 궁금증도 해결해줘요. 또한 탈세를 하려는 사람들을 찾아내 세금을 정확히 내도록 해요.

함께 알기

국세(10.26)

예문 읽기

국세청에서 탈세를 한 것으로 의심되는 기업들을 조사하고 있다.

★☆☆

3월 March | 17 | 경제 기초

매매

賣팔 매 買살 매 · transation

값을 지불하고 재화나 용역을 사고파는 것

경제 활동을 하면서 값을 내고 재화나 용역을 사고파는 것을 매매라고 해요. 자동차나 집처럼 보고 만질 수 있는 것을 매매하기도 하고, 노래의 저작권 같은 권리나 주식을 매매하기도 합니다. 이때 사고팔리는 가격을 '매매가'라고 해요.

함께 알기

재화(1.2) · 용역(1.3) · 주식(7.7) · 저작권(12.22)

예문 읽기

최근 중고 거래 애플리케이션으로 중고를 매매하는 사람들이 늘어나고 있다.

★☆☆

10월 October | 16 | 세금 / 보험

결산

決결단할 결 算셈 산 · settlement of accounts

일정 기간 동안의 수입과 지출을 계산하는 것

결산은 정해진 기간 동안 벌어들인 돈과 쓴 돈을 계산하는 것을 말해요. 미리 계획한 예산대로 돈이 쓰였는지 확인하기 위해서는 꼭 결산을 해봐야 해요. 돈을 쓰기 전에 계획한 예산과 돈을 쓰고 난 뒤에 결산을 비교하는 것이죠.

함께 알기

예산(10.15)

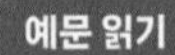

예문 읽기

우리 회사의 회계 팀은 매월 말이 되면 한 달 동안의 결산을 한다.

★☆☆

3월
March

18

경제 기초

도매

都대부분 도 賣팔 매 · wholesale

물건 등을 낱개로 팔지 않고 대량으로 파는 것

물건을 파는 사람 입장에서는 소량보다 대량으로 한 번에 팔면 여러 비용을 아낄 수 있어 사는 사람에게 싼 가격에 물건을 팔 수 있어요. 보통은 슈퍼마켓, 문구점, 과일 가게 등이 도매 시장에서 대량으로 물건을 사와 소비자에게 소매로 팔아요. 도매 시장은 도매를 하는 가게들이 모여 있는 시장을 말해요.

함께 알기

소매(3.19)

예문 읽기

농산물 도매 시장에서 김장용 배추 100포기를 대량으로 싸게 샀다.

★☆☆

10월 October | 15 | 세금 / 보험

예산

豫미리 예 算셈 산 · budget

일정 기간 동안의 필요한 비용을 미리 예상해 계산하는 것

예산은 정해진 기간 동안 나갈 돈을 미리 예상해 계산하는 것을 말해요. 사람들은 한 달 동안의 생활비 예산을 계획하기도 하고, 여행을 가기 전 여행비 예산을 계획하기도 하죠. 정부에서는 국가의 살림에 필요한 1년 동안의 예산을 미리 계획해요.

함께 알기

결산(10.16)

예문 읽기

새로운 도로를 건설하는 데 10억 원이 넘는 국가 예산이 사용됐다.

★☆☆

3월 March | 19 | 경제 기초

소매

小작을 소 賣팔 매 · retail

물건 등을 생산자나 도매상에게 사들여
직접 소비자에게 소량으로 파는 것

도매로 사온 물건을 소량으로 직접 소비자에게 파는 것을 소매라고 해요. 슈퍼마켓, 문구점, 과일 가게 등 주변에 있는 대부분의 가게는 소매로 물건을 파는 곳이에요. 이런 가게들은 도매로 산 물건을 가지고 오는 운송비 등이 들기 때문에 소매는 도매보다 가격이 비싼 편이에요.

함께 알기

도매(3.18)

예문 읽기

A마트에서는 청과물 도매 시장에서 대량으로 사온 사과를 소비자에게 낱개씩 소매로 판매한다.

★☆☆

10월 October | 14 | 세금 / 보험

감면

減덜 감 免면할 면 · reduction

세금을 덜어주거나 면제해주는 것

감면은 원래 책임이나 의무 등을 덜어주거나 면제해주는 것을 의미하는데요. 정부에서는 일정한 조건을 만족하면 세금을 덜 내거나 아예 내지 않도록 감면을 해줘요. 세금을 부과하지 않는 비과세, 부과된 세금을 덜어주는 감세, 부과된 세금을 면제해주는 면세 모두 세금 감면 방법들이에요.

함께 알기

감세(10.6) · 면세(10.7) · 비과세(10.13)

예문 읽기

정부는 형편이 어려운 중소기업에 대해 세금을 감면해주고 있다.

원가

原근원 원 價값 가 · cost price

물건을 사들였을 때의 가격

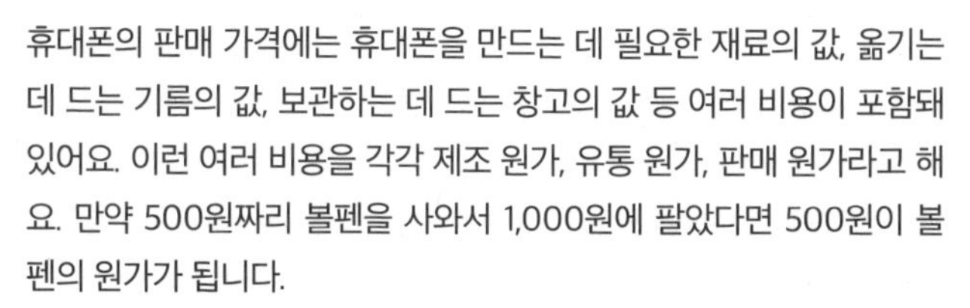

휴대폰의 판매 가격에는 휴대폰을 만드는 데 필요한 재료의 값, 옮기는 데 드는 기름의 값, 보관하는 데 드는 창고의 값 등 여러 비용이 포함돼 있어요. 이런 여러 비용을 각각 제조 원가, 유통 원가, 판매 원가라고 해요. 만약 500원짜리 볼펜을 사와서 1,000원에 팔았다면 500원이 볼펜의 원가가 됩니다.

함께 알기

마진(4.3)

예문 읽기

이 꽃은 1송이당 원가가 5,000원이므로 5,000원보다 높은 가격에 팔아야 이익이 남는다.

★★☆

10월 October

13

세금 / 보험

비과세

非아닐 비 課부과할 과 稅세금 세 · tax free

세금을 부과하지 않는 것

정부는 특정한 조건에 해당할 경우에 세금을 부과하지 않아요. 즉, 내야 할 세금을 내지 않는 것이 아니라 정부가 아예 세금 자체를 매기지 않는 것이죠. 보통은 은행에서 예금 상품에 가입하고 받는 이자는 과세가 되지만 비과세 예금 상품에 가입하면 세금을 내지 않아도 돼요.

함께 알기

부과(10.10) · 과세(10.12)

예문 읽기

비과세 정기 예금에 가입해 만기 때 세금이 과세되지 않았다.

★☆☆

3월 March

21

경제 기초

영업

營경영할 영 業일 업 · sales

영리를 얻기 위해 하는 사업이나 활동

회사에서 재화나 용역을 팔기 위해 사람들에게 알리고 판매하는 활동을 영업이라고 해요. '영업을 잘한다'라는 말은 '매출을 많이 올려 큰 이윤을 얻는다'라는 의미예요. 또한 식당 등에서 '가게 문을 열고 장사를 하고 있다'라는 의미로 문에 '영업 중'이라는 글자를 붙여놓기도 해요.

함께 알기

영리(7.5) · 이윤(8.12)

예문 읽기

우리 회사 영업 팀이 역대 최고 매출을 달성했다.
A식당의 영업시간은 오전 11시부터 오후 8시까지다.

과세

課부과할 과 稅세금 세 · taxation

세금을 정해 부과하는 것

정부에서 사람이나 기업에게 내야 할 세금을 정하고 그것을 내도록 하는 것을 과세라고 해요. 정부는 국민들로부터 고르고 공평하게 세금을 거두기 위해 '과세 표준'이라는 기준을 만들어 세금을 부과해요. 임금이나 은행에서 받는 이자 등도 세금을 내야 하는 과세의 대상이에요.

함께 알기

부과(10.10) · 비과세(10.13)

예문 읽기

최근 암호 화폐 같은 가상 자산에도 과세를 해야 한다는 의견이 많다.

★☆☆

3월 March | 22 | 경제 기초

料값 요 金돈 금 · charge

재화나 용역을 사용·소비·관람 등을 하는 대가로 지불하는 돈

수돗물을 사용하면 수도 요금을, 전기를 사용하면 전기 요금을, 영화관에서 영화를 보면 관람 요금을 내야 해요. 요금은 본인이 낸 만큼 재화나 용역을 얻기 때문에 국가에 의무적으로 내야 하는 세금과 달라요. '전기세', '수도세'가 아니라 '전기 요금', '수도 요금'이라고 해야 정확한 표현입니다.

함께 알기

세금(10.1)

예문 읽기

지난달부터 버스 요금이 올라 1,400원이 됐다.

★★☆

10월 October | 11 | 세금 / 보험

세수

稅세금 세 收거둘 수 · tax revenue

정부가 국민들로부터 세금을 거둬 얻는 수입

정부가 국가의 살림을 살기 위해 국민들로부터 세금을 거둬 얻는 수입을 '세수입' 또는 줄여서 세수라고 해요. 경기 호황으로 사람들과 기업들의 경제 활동이 활발해지면 정부의 세수도 늘어나고, 경기 불황으로 경제 활동이 줄어들면 정부의 세수도 줄어들어요.

함께 알기

증세(10.5) · 감세(10.6)

예문 읽기

부동산 거래가 활발해지면서 부동산 관련 세수가 크게 늘어났다.

★★☆

3월 March | 23 | 경제 기초

分나눌 분 業일 업 · division of labor

일을 나눠 하는 것

집에서 저녁 식사를 준비할 때 장을 볼 사람, 요리를 할 사람, 식탁에 음식을 차릴 사람, 설거지를 할 사람으로 나누는 것처럼 일을 나눠 하는 것을 분업이라고 해요. 분업을 하면 본인이 맡은 일을 더 빨리, 더 잘할 수 있고 더 많은 재화와 용역을 만들 수 있어 시간을 절약할 수 있어요.

함께 알기

생산(1.4)

예문 읽기

A공장은 제품의 여러 생산 과정을 분업하면서 생산성이 높아졌다.

부과

賦거둘 부 課부과할 과 · impose

세금이나 부담금 등을 매겨 내도록 하는 것

내야 할 돈을 정하고 내도록 하는 것을 부과라고 해요. 세금이나 전기 요금, 수도 요금, 과태료, 보험료 등의 돈을 내도록 하는 것이나 일정한 책임이나 일을 부담하도록 하는 것 모두 '부과한다'라고 표현해요.

예문 읽기

중국은 미국산 수입 제품에 높은 관세를 부과했다.
그는 자신에게 부과된 임무는 끝까지 해내는 사람이다.

★☆☆

3월 March | 24 | 경제 기초

시장

市시장 시 場마당 장 · market

상품으로서의 재화나 용역이 거래되는 곳

시장이라는 말을 들으면 전통 시장을 많이 떠올릴 거예요. 그런데 시장은 재화나 용역이 거래되는 모든 곳을 말해요. 다양한 물건을 사고파는 대형 마트와 백화점도 모두 시장이라고 할 수 있죠. 또한 주식을 사고파는 주식 시장, 부동산을 거래하는 부동산 시장도 시장의 종류예요.

함께 알기

재화(1.2) · 용역(1.3)

예문 읽기

환경 오염을 걱정하는 사람들이 늘어나면서 전기 자동차 시장이 점차 커지고 있다.

★★☆

세율

稅세금 세 率비율 율 · tax rate

세금을 계산하기 위해 매기는 비율

세율은 쉽게 말해 소득에서 세금을 내는 비율이에요. 100만 원에서 10만 원을 세금으로 낸다면 세율은 10%이고, 25만 원을 세금으로 낸다면 세율은 25%예요. 정부에서는 국가의 살림에 필요한 세금이 여유롭거나 부족한 상황에 따라 세율을 높이기도 낮추기도 해요.

함께 알기

퍼센트(3.29) · 증세(10.5) · 감세(10.6)

예문 읽기

높아진 세율 때문에 국민들의 세금 부담이 커지고 있다.

★☆☆

3월 March | 25 | 경제 기초

가계

家집 가 計셀 계 · household

소비의 주체로서 '가정'을 부르는 말

가계는 한 국가의 경제 활동의 주인공으로, 경제 3주체(가계, 정부, 기업) 중 하나예요. 경제 활동을 함께하는 공동체로서 가족은 하나의 가계입니다. 문구점에서 학용품을 사거나 마트에서 식재료를 사서 소비하는 것 모두 가계 활동이에요. 그리고 가계가 돈을 얼마큼 벌고 썼는지 기록하는 책을 '가계부'라고 해요.

함께 알기

소비(1.5) · 정부(2.8) · 기업(7.27)

예문 읽기

경기 불황으로 가계의 수입이 줄면서 지출도 줄어들고 있다.
가계부를 보니 이번 달에는 먹는 것에 지출한 돈이 많았다.

★★☆

10월 October | 8 | 세금 / 보험

면세점

免면할 면 稅세금 세 店가게 점 · duty free shop

세금을 면제해주는 상품을 파는 곳

면세점은 주로 공항이나 항구처럼 다른 국가로 출국하는 곳에 있는데요. 해외 출국이 확정된 사람들만 이용할 수 있는 곳이에요. 면세점에서 파는 상품은 상품에 부과되는 세금이 면제되기 때문에 일반 가게에서 파는 상품보다 가격이 싼 편이에요.

함께 알기

면세(10.7)

예문 읽기

외국으로 출국하기 전에 면세점에서 평소에 갖고 싶었던 지갑을 싸게 샀다.

★☆☆

3월 March | 26 | 경제 기초

기부

寄부칠 기 附붙을 부 · donation

자선사업이나 공공사업을 돕기 위해 돈이나 물건 등을 대가 없이 내놓는 것

사람이 살아가기 위해서는 돈이 필요해요. 그런데 주변에는 돈이 부족해 살아가는 데 어려움을 겪는 사람들도 있는데요. 이처럼 도움이 필요한 사람들에게 쓰일 수 있도록 대가 없이 돈을 내놓는 것을 기부라고 해요. 기부는 누구나 할 수 있으며 꼭 큰돈이나 비싼 물건이 아니어도 됩니다.

예문 읽기

불우 이웃을 돕기 위해 기부하는 사람이 많다.
그는 자신의 미술 재능을 기부해 학생들을 무료로 가르치고 있다.

면세

免면할 면 稅세금 세 · tax exemption

세금을 면제하는 것

면세는 세금 감면 방법 중 하나로, 특정한 조건에 해당할 경우에 부과된 세금을 면제해주는 것을 말해요. 아예 세금을 부과하지 않는 비과세와는 달라요. 정부는 국민들의 삶에 꼭 필요한 재화나 용역을 만드는 사업에 대해서는 면세 혜택을 주고 있어요.

함께 알기

부과(10.10) · 비과세(10.13) · 감면(10.14)

예문 읽기

책은 부가 가치세가 면제되는 면세 상품이다.

★☆☆

3월 March | 27 | 경제 기초

복권

福복 복 券문서 권 · lottery

추첨 등을 통해 당첨이 되면 상금이나 상품을 주는 표

복권은 공공 기관 등에서 특정한 사업을 위해 돈을 마련하고자 발행해요. 돈을 내고 산 복권이 운이 좋아 당첨되면 큰돈을 받을 수 있는데요. 우리나라의 대표적인 복권 중에는 '로또'가 있어요. 로또 1등에 당첨될 확률은 1/8,145,060이라고 하는데, 이것은 사람이 번개를 맞을 확률보다 낮아요.

예문 읽기

복권 1등에 당첨돼 상금으로 큰돈을 받았다.

★★☆

10월 October | 6 | 세금 / 보험

감세

減덜 감 稅세금 세 · tax cut

세금의 일부를 덜어주는 것

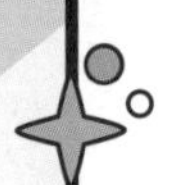

감세는 세금 감면 방법 중 하나로, 특정한 조건에 해당할 경우에 부과된 세금의 액수를 줄여주거나 세율을 낮추는 것을 말해요. 쉽게 말해 세금을 깎아주는 것이죠. 감세를 하면 그만큼 가계와 기업의 지출이 줄어들어 사용할 수 있는 돈이 늘어나므로 경기를 활성화하는 효과가 있어요.

함께 알기

증세(10.5) · 세율(10.9) · 감면(10.14)

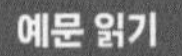

정부는 경영에 어려움을 겪는 중소기업에게 감세 혜택을 주기로 했다.

★☆☆

3월 March | 28 | 경제 기초

축의금

祝기원할 축 儀법식 의 金돈 금

축하하는 뜻을 나타내기 위해 내는 돈

결혼이나 어린아이의 돌처럼 축하할 일이 생겼을 때 그 주인공에게 내는 돈을 축의금이라고 해요. 축의금은 봉투에 담아 냅니다. 금액이 정해져 있지 않으며 보통은 본인과 축하할 사람의 관계에 따라 금액이 달라져요. 다른 사람의 죽음을 슬퍼하는 의미로 내는 돈은 '조의금'이라고 하며, 축의금과 조의금을 합쳐 '부조금'이라고 불러요.

예문 읽기

어릴 적부터 친했던 친구의 결혼을 축하하기 위해 축의금을 두둑이 냈다.

★★☆

10월 October | 5 | 세금 / 보험

증세

增더할 증 稅세금 세 · tax increase

세금을 늘리는 것

증세는 감세와 반대로, 특정한 조건에 해당할 경우에 세금의 액수를 늘리거나 세율을 높이는 것을 말해요. 정부는 국가의 살림을 살기 위해 필요한 돈이 부족해지면 증세를 통해 세수를 늘려요.

함께 알기

감세(10.6) · 세율(10.9) · 세수(10.11)

예문 읽기

정부의 지나친 증세는 국민들의 불만을 살 수 있다.

★☆☆

3월 March

29

경제 기초

퍼센트

percent

백분율을 나타내는 단위

퍼센트는 백분율을 나타내는 단위로, 기호는 [%]이며 경제와 관련해 자주 사용돼요. 1%는 100개 중 1개라는 의미이며 1,000개의 1%는 10개예요. 은행의 예금 금리가 5%라는 말은 100원을 맡기면 이자로 5원을 준다는 의미이며, 퍼센트는 금리나 수익률을 나타낼 때 많이 사용돼요.

함께 알기

금리(5.13) · 수익률(7.3)

예문 읽기

주식 투자 수익률이 30%를 기록했다.

★★☆

10월
October

4

세금 / 보험

절세

節아낄 절 稅세금 세 · tax avoidance

세금을 덜 내는 것

세금은 국가의 살림을 위해 꼭 필요한 돈이지만 국민들에게 부담이 되기도 하는데요. 그래서 사람들은 세금을 조금이라도 적게, 덜 낼 수 있는 여러 절세 방법을 이용해요. 탈세는 법을 어기는 것이지만 절세는 법을 어기는 것이 아니에요.

함께 알기

탈세(10.3)

예문 읽기

A은행에서 절세에 도움이 되는 예금 상품을 출시했다.

★☆☆

3월 March | 30 | 경제 기초

가성비

價값 가 性성질 성 比견줄 비

가격 대비 성능의 비율

가격도 다르고 성능도 다른 두 물건 중 무엇을 선택해야 할지 고민될 때 따져볼 수 있는 것이 가성비예요. 1,000원짜리 A물건은 성능이 2000이고 500원짜리 B물건은 성능이 900이라면, B물건을 2개 사면 가격은 A물건과 같아지지만 성능은 A물건보다 떨어져요. 따라서 가성비는 A물건이 더 좋다고 할 수 있어요.

함께 알기

가격(1.10)

예문 읽기

회사 안에 있는 구내식당은 가성비가 좋아 많은 직원이 이용한다.

★★☆

10월 October | 3 | 세금 / 보험

탈세

脫벗을 탈 稅세금 세 · tax evasion

내야 하는 세금을 내지 않는 것

내야 하는 세금을 내지 않거나 갖고 있는 재산이나 소득을 속여 실제로 내야 하는 세금보다 적게 내는 것을 탈세라고 해요. 우리나라 국민이라면 누구나 납세의 의무가 있기 때문에 탈세를 하거나 하려고 시도했을 경우에는 법에 따라 처벌을 받아요.

함께 알기

납세(10.2)

예문 읽기

기업가 A씨는 탈세 혐의로 법원에서 재판을 받았다.

★☆☆

3월 March | 31 | 경제 기초

중고

中가운데 중 古옛 고 · secondhand

이미 사용했거나 오래된 물건

이미 사서 사용했지만 여전히 쓸 만한 물건은 중고로 사고팔려요. 중고는 새 물건보다 싼 가격에 사고팔리기 때문에 현명한 소비자들이 찾는 중고 거래 애플리케이션이 사람들에게 인기를 끌고 있어요. 하지만 부서지거나 고장 난 중고도 있으니 거래할 때 잘 살펴보는 것이 좋아요.

예문 읽기

1년 동안 모은 돈으로 저렴한 중고차 하나를 샀다.

납세

納들일 납 稅세금 세

세금을 내는 것

사람들은 정해진 금액만큼 정부에 세금을 내야 하는데요. 우리나라 국민이라면 누구나 납세의 의무가 있어요. 세금을 내는 사람을 '납세자'라고 하며, 정부에서는 매년 3월 3일을 '납세자의 날'로 정해 성실히 세금을 낸 국민 중 모범 납세자를 선정해서 표창하고 있어요.

함께 알기

탈세(10.3)

예문 읽기

정부는 홍수로 피해를 입은 사람들의 납세 기한을 연장해주기로 했다.

3월 퀴즈

1. 매달 30만 원씩 학원비가 □□ □□ 로 나가고 있다. (3.2)
2. □□□ 는 잠깐의 만족감은 주지만 많이 하면 경제 생활이 힘들어질 수 있다. (3.3)
3. 홈쇼핑에서 □□□□ 한 러닝머신을 자주 사용하지 않아 산 것을 후회하고 있다. (3.4)
4. 정부는 홍수로 어려움을 겪는 국가에 □□□ 을 보내 도움을 주기로 했다. (3.6)
5. 세계에서 원유(석유)는 □□ □□ 인 달러로 거래된다. (3.9)
6. 민수가 영희와 영화를 보러 가기 위해 포기한 □□□□ 은 가족들과의 저녁 식사다. (3.13)
7. 최근 중고 거래 애플리케이션으로 중고를 □□ 하는 사람들이 늘어나고 있다. (3.17)
8. 우리 회사 □□ 팀이 역대 최고 매출을 달성했다. (3.21)
9. 지난달부터 버스 □□ 이 올라 1,400원이 됐다. (3.22)
10. 회사 안에 있는 구내식당은 □□□ 가 좋아 많은 직원이 이용한다. (3.30)

★☆☆

세금

稅세금 세 金돈 금 · tax

국가를 유지하고 국민 생활의 발전을 위해 정부가 국민들에게 거두는 돈

정부가 국가의 살림을 살기 위해서는 돈이 필요한데요. 이 돈을 마련하기 위해 국민들의 소득에서 일부를 떼어 걷는 돈을 세금이라고 해요. 소득이 생기면 반드시 세금을 내야 합니다. 정부는 국민들로부터 거둔 세금으로 법과 제도, 혜택 등을 만들어 국가를 지키고 국민 생활의 발전을 위해 사용해요.

함께 알기

소득(1.19) · 정부(2.8)

예문 읽기

정부는 국민들로부터 세금을 거둬 국가를 운영한다.

4월
경제 기초

10월
세금/보험

★☆☆

4월 April | 1 | 경제 기초

재벌

財재물 재 閥가문 벌 · chaebol

여러 개의 기업을 거느리며 막강한 재력을 가진 사람

재벌은 기업을 운영하며 많은 재산을 갖고 있는 사람이에요. 재벌은 다른 국가에는 없는 말이라 우리나라의 재벌 단어를 외국에서도 그대로 사용하고 있어요. 우리나라 드라마가 해외에서 인기를 끌면서 드라마에 나오는 재벌 단어도 함께 유명해졌어요.

함께 알기

기업(7.27)

예문 읽기

사우디아라비아에는 석유로 큰돈을 번 석유 재벌이 많다.

9월 퀴즈

1. 그는 아파트와 빌딩 등 □□□ 자산을 많이 갖고 있다. (9.1)
2. 새로 지은 빌딩의 사무실을 빌리면서 □□□ 으로 5,000만 원을 냈다. (9.2)
3. 건물 주인과 협의해 사무실의 □□ 기간을 1년 더 연장했다. (9.9)
4. 새로 지은 아파트에 다음 달에 □□ 할 예정이다. (9.12)
5. 정부는 도시 안에 오래되고 낡은 지역의 □□□ 계획을 발표했다. (9.16)
6. 오래된 공장을 현대식으로 □□□□ 해 미술관을 만들었다. (9.18)
7. A초등학교는 아파트가 많은 □□□ 에 위치해있다. (9.19)
8. 우리나라에서 가장 높은 □□ □□ □□ 은 롯데월드타워다. (9.22)
9. A아파트는 걸어서 5분 거리에 지하철역이 있는 □□□ 에 있다. (9.27)
10. 지금 살고 있는 아파트를 팔기 위해 □□ □□□ 사무소를 방문했다. (9.28)

★☆☆

4월 April | 2 | 경제 기초

아르바이트

part-time job

본래의 직업이 아닌 임시로 하는 일

정식으로 직원이 되어 하는 일이 아니라 정해진 기간 동안 임시로 하는 일을 아르바이트라고 해요. 아르바이트는 독일어로 '일', '직업'을 뜻하는 '아르바이트Arbeit'에서 생겨난 말이에요. 일상에서는 줄여서 '알바'라고 부르기도 해요.

예문 읽기

그는 주말 동안 식당에서 아르바이트를 한다.

★★☆

9월 September | 30 | 부동산

모델하우스

model house

새로 짓는 건물 등을 미리
보여주기 위해 만든 견본용 집

이미 지어진 집은 안을 살펴볼 수 있지만 아직 다 지어지지 않은 집은 안이 어떻게 생겼는지 확인할 수가 없어요. 그래서 새로 짓는 주택이나 아파트를 사려는 사람이 안이 어떻게 생겼는지를 미리 볼 수 있도록 꾸며놓은 곳을 모델하우스라고 해요.

예문 읽기

모델하우스에서 본 아파트 내부가 마음에 들어 청약을 신청했다.

★☆☆

4월 April | 3 | 경제 기초

마진

margin

원가와 판매가의 차액

마진은 '수익'이나 '이윤'을 뜻하는 영어 단어예요. 판매 가격에서 원가를 빼면 마진을 구할 수 있는데요. 공책 1권을 500원에 사와 900원에 팔면 900원에서 500원을 뺀 400원이 마진이에요. 마진이 얼마인지를 백분율로 나타낸 것을 '마진율'이라고 해요.

함께 알기

원가(3.20)

예문 읽기

마진을 늘리기 위해 원가를 최대한 낮추고 판매가를 올렸다.

★☆☆

9월 September | 29 | 부동산

평

坪 들 평

땅 넓이의 단위

1평의 넓이는 $3.3m^2$(제곱미터) 정도로, 한 변의 길이가 약 1.8m인 정사각형의 넓이와 같아요. 평은 정확한 넓이 계산이 어렵지만 제곱미터는 넓이를 나타내는 국제적으로 표준화된 단위이기 때문에 정부에서는 부동산의 넓이를 나타낼 때 평 대신 제곱미터를 사용하도록 해요. 하지만 일상에서는 아직 평을 많이 사용하고 있어요.

예문 읽기

A펜션은 100평이 넘는 넓은 땅 위에 지어졌다.

★☆☆

4월
April

4

경제 기초

체인점

chain + 店가게 점

여러 가게에서 같은 품질과 서비스의
재화나 용역을 팔 수 있도록 만들어진 점포

똑같은 카페나 치킨 가게가 여러 지역에 있는 것을 볼 수 있는데요. 이처럼 한 회사가 여러 곳에서 운영하는 같은 가게를 체인점이라고 해요. 체인점은 회사에서 정해놓은 방법대로 운영해야 하므로 식당 체인점의 경우에는 음식 맛의 차이가 거의 없어요.

함께 알기

본점(4.5)

예문 읽기

A치킨 회사는 전국에 수십 개의 체인점을 두고 관리하고 있다.

★★☆

9월 September | 28 | 부동산

공인 중개사

公공평할 공 認알 인 仲중간 중 介낄 개 士선비 사 · real estate agent

부동산 거래 중개를 전문적으로 하는 사람

부동산을 사고팔 때는 필요한 서류도, 지켜야 하는 법도 많아 과정이 매우 복잡해요. 그래서 부동산을 사고파는 일을 중간에서 대신 해주는 전문가인 공인 중개사가 필요합니다. 공인 중개사를 통해 부동산을 사고팔면 보다 안전하고 편리하게 부동산을 거래할 수 있는 대신 수수료를 내야 해요.

함께 알기

수수료(6.4)

예문 읽기

지금 살고 있는 아파트를 팔기 위해 공인 중개사 사무소를 방문했다.

★☆☆

4월
April

5

경제 기초

본점

本근본 본 店가게 점

장사 등을 처음 시작한 본래의 점포

보통은 체인점을 만든 회사가 가장 처음 장사를 시작한 가게를 본점이라고 해요. 한 가게가 A지역에 문을 열고 장사를 하다가 B지역에도 체인점을 만들고 C지역에도 체인점을 만들었다면 A지역에 있는 가게를 본점이라고 불러요.

함께 알기

체인점(4.4)

예문 읽기

A냉면 가게는 서울에 있는 본점과 부산에 있는 체인점의 맛이 거의 똑같다.

★★☆

9월 September | 27 | 부동산

역세권

驛역 역 勢형세 세 圈우리 권 · station influence area

기차역이나 지하철역을 중심으로
사람들이 살고 있는 지역의 범위

집 근처에 기차역이나 지하철역이 있으면 대중교통을 이용하기 위해 집에서 이동하는 시간이 줄어들어 편리해요. 역세권은 집이나 회사 가까이에 기차나 지하철을 탈 수 있는 역이 있는 지역이에요. 교통이 편리하기 때문에 역세권에 있는 아파트에 살고 싶어 하는 사람이 많아요.

예문 읽기

A아파트는 걸어서 5분 거리에 지하철역이 있는 역세권에 있다.

★★☆

4월 April | 6 | 경제 기초

부가 가치

附붙을 부 加더할 가 價값 가 値값 치 · added value

생산 과정에서 새로 덧붙여진 가치

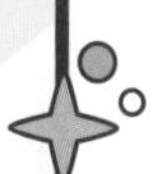

사람들이 사서 사용하는 물건들은 만들어지는 과정에서 많은 부가 가치가 생겨나요. 만약 농부가 감자를 재배해 500원에 팔았다면 농부는 500원의 부가 가치를 만든 것이고, 이 감자를 산 요리사가 감자튀김을 만들어 1,500원에 팔았다면 요리사는 1,000원의 부가 가치를 만든 거예요.

함께 알기

생산(1.4)

우리나라의 영화 산업은 엄청난 부가 가치를 만들어내고 있다.

★☆☆

9월 September | 26 | 부동산

오피스텔

사무실과 간단한 주거 기능을 함께 갖춘 건물

오피스텔은 '사무실'을 뜻하는 영어 단어 '오피스office'와 '호텔hotel'을 합쳐 우리나라에서 생겨난 말이에요. 쉽게 말해 사무실처럼 사용할 수 있는 집이라고 할 수 있죠. 일반적인 사무실과 다르게 오피스텔에는 한 공간에 부엌과 욕실이 있고 생활에 필요한 여러 전자 제품도 갖춰져 있는 경우가 많아요.

예문 읽기

새로 이사한 오피스텔에는 냉장고와 세탁기, TV가 모두 갖춰져 있다.

노후

老늙을 노 後뒤 후

나이가 들어 생산 활동을 하기 어려운 시기

젊은 나이의 사람들은 회사를 다니거나 장사를 하는 등 적극적으로 일을 해서 소득을 얻을 수 있지만 나이가 들면 젊었을 때보다 일을 하기가 힘들어져요. 그래서 사람들은 일을 하지 못해 소득이 줄어드는 노후를 대비해 미리 돈을 모아두고 관리합니다.

함께 알기

연금(11.26)

예문 읽기

노후 생활을 대비해 연금 상품에 가입했다.

★☆☆

9월 September | 25 | 부동산

원룸

studio

하나의 공간에 침실·거실·부엌이 있는 주거 형태

보통 하나의 공간에 자는 곳, 쉬는 곳, 부엌, 그리고 욕실이 있는 방을 원룸이라고 해요. 크기가 크지 않아 혼자 사는 사람이나 적은 수의 가족이 사는 경우가 많아요. 방이 2개 있는 방을 '투룸', 3개 있는 방을 '쓰리룸'이라고 해요.

예문 읽기

지하철역에 가까이 있는 원룸일수록 월세가 비싼 편이다.

★★☆

4월 April | 8 | 경제 기초

박리다매

薄엷을 박 利이로울 리 多많을 다 賣팔 매

이익을 적게 보고 많이 파는 것

박리다매는 회사가 물건을 팔아 이익을 얻는 방법 중 하나로, 물건을 싼 가격에 많이 팔아 이익을 얻는 거예요. 만약 볼펜을 판매한다고 가정했을 때 1개당 1,000원의 이익을 남기며 10개를 팔기보다 1개당 이익을 500원으로 낮춰 50개를 파는 것이 박리다매예요.

함께 알기

이익(3.16)

예문 읽기

A마트에서는 과일과 채소를 저렴한 가격에 박리다매로 판매한다.

★☆☆

9월 September | 24 | 부동산

아파트

apartment

한 건물 안에 독립된 여러 세대가 살 수 있게 지은 5층 이상의 건물

여러 세대가 한 건물에 살 수 있도록 5층 이상으로 지은 건물을 아파트라고 해요. 보통 한 아파트에 많게는 몇 백 세대가 모여 살아요. 우리나라는 땅의 크기에 비해 인구가 많아 좁은 땅에 많은 사람이 모여 살 수 있는 아파트가 발달했어요.

함께 알기

세대(9.13) · 주택(9.23)

예문 읽기

신도시에는 많은 사람이 살 수 있는 고층 아파트가 많다.

★☆☆

4월
April

9

경제 기초

할인

割나눌 할 引끌 인 · discount

일정한 값에서 얼마를 빼는 것

일상에서는 보통 얼마큼의 비율로 빼주는지를 나타내는 '할인율'을 많이 사용하는데요. '10% 할인'이라는 말은 원래 가격의 10분의 1을 빼주겠다는 의미로, 1만 원짜리 물건을 10% 할인하면 9,000원이 돼요. 기업이나 가게에서 할인을 하는 이유는 사람들의 소비를 유도하기 위한 것입니다.

함께 알기

퍼센트(3.29)

예문 읽기

A서점에서는 오래된 옛날 책을 70% 할인해 판매하고 있다.
10% 할인 쿠폰을 사용해 피자를 원래 가격보다 싸게 샀다.

★☆☆

9월 September | 23 | 부동산

주택

住살 주 宅집 택 · house

사람이 들어가 살 수 있게 지은 건물

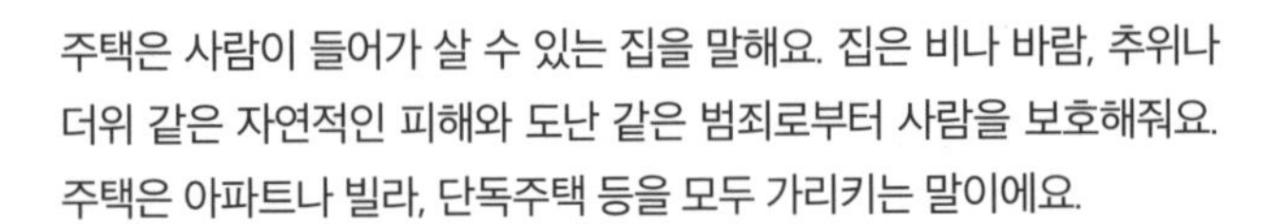

주택은 사람이 들어가 살 수 있는 집을 말해요. 집은 비나 바람, 추위나 더위 같은 자연적인 피해와 도난 같은 범죄로부터 사람을 보호해줘요. 주택은 아파트나 빌라, 단독주택 등을 모두 가리키는 말이에요.

함께 알기

아파트(9.24)

예문 읽기

그는 작은 마당이 있는 주택에 가족들과 함께 살고 있다.

★★☆

4월
April

10

경제 기초

할부

割나눌 할 賦거둘 부 · installment

돈을 여러 번에 나눠 내는 것

가격이 비싼 물건을 사서 한 번에 큰돈을 내는 것이 부담스러울 때 할부를 이용할 수 있어요. 60만 원짜리 물건을 3개월 할부로 사면 1개월에 20만 원씩 3개월 동안 나눠 내는 것이죠. 보통은 신용 카드를 사용하면 할부로 결제할 수 있으며 대신 신용 카드 회사에 할부 이용 수수료를 내야 해요.

함께 알기

결제(4.11)

예문 읽기

휴대폰 가격이 비싸서 6개월 할부로 결제했다.

★★☆

주상 복합 건물

住살 주 商장사 상 複겹칠 복 合합할 합 建세울 건 物물건 물

주택과 상가가 함께 있는 건물

주상 복합 건물은 한 건물에 사람이 사는 주택과 물건을 파는 상가가 같이 있는 건물이에요. 건물은 사람이 사는 건물과 상가가 있는 건물이 따로 구분돼있는 것이 보통이지만, 주상 복합 건물은 낮은 층에는 가게가 있고 그 위로 높은 층에는 사람이 사는 집이 있는 경우가 많아요.

함께 알기

상가(9.21) · 주택(9.23)

예문 읽기

우리나라에서 가장 높은 주상 복합 건물은 롯데월드타워다.

★☆☆

4월
April

11

경제 기초

결제

決결단할 결 濟건널 제 · payment

필요한 재화나 용역을 사기 위해
정해진 값을 지불하고 계산하는 것

계산을 어떤 것으로 하는지에 따라 현금 결제나 카드 결제를 할 수 있는데요. 최근에는 기술이 발달하면서 휴대폰을 이용한 결제도 가능해졌어요. '허락하고 승인한다'라는 뜻의 '결재決裁'와 발음이 같아 헷갈릴 수 있지만 두 말은 전혀 다른 뜻이에요.

예문 읽기

온라인으로 요리에 필요한 재료를 주문하고 5만 원을 결제했다.

상가(가게)

商장사 상 家집 가 · store

물건 등을 파는 곳

주변에서 쉽게 볼 수 있는 슈퍼마켓, 편의점, 서점, 옷 가게, 식당 등이 모두 상가예요. 한자어로 '상가', 우리말로 '가게'라고 해요. 상가는 사람들이 모여 사는 주거지나 교통이 발달돼 사람들의 이동이 많은 곳에 있어요.

예문 읽기

집 근처에 있는 상가에서 장을 보고 먹을 것을 샀다.

★☆☆

4월 April | 12 | 경제 기초

외상

credit

값은 나중에 치르기로 하고
재화나 용역을 사거나 파는 것

재화나 용역을 사기 위해서는 돈을 내야 해요. 그런데 돈이 없어도 물건이 필요할 경우에 물건을 먼저 가져가고 나중에 돈을 내기로 약속하는 외상을 할 수 있어요. 외상은 아무나 할 수 없고 보통은 가게 사장님과 친한 사이일 때 서로 합의해서 할 수 있어요.

예문 읽기

월급을 받아 자주 가는 슈퍼마켓에 외상한 돈을 갚았다.

★★☆

9월 September | 20 | 부동산

신도시

新새로울 신 都도읍 도 市도시 시 · new town

대도시 근처에 계획적으로 만든 새 도시

도시에는 일자리가 많고 인프라가 잘 형성돼있어 많은 사람이 몰려요. 이로 인해 인구 문제, 교통 문제, 환경 문제, 주택 문제 등이 발생하는데요. 이런 도시 문제들을 해결하기 위해 대도시 근처에 새로운 도시인 신도시를 만들어요.

함께 알기

인프라(2.25)

예문 읽기

서울의 주택 부족 문제를 해결하기 위해 수도권에 신도시가 많이 생겨났다.

★☆☆

4월 April | 13 | 경제 기초

매진

賣팔 매 盡다할 진 · sold out

물건 등이 하나도 남지 않고 모두 다 팔려 없는 상태

가게에서 팔려고 준비한 물건이 다 팔려 더 이상 팔 수 있는 물건이 남아있지 않은 상태를 매진이라고 해요. 영화표나 비행기표 등이 다 예약되거나 팔려서 남아있지 않은 것도 매진이라고 합니다. 매진된다는 것은 그만큼 사람들에게 인기가 있고 그것을 원하는 사람이 많다는 거예요.

예문 읽기

세계적인 가수 브루노 마스의 콘서트 표가 순식간에 매진됐다.
오늘 서울로 가는 기차표가 매진돼 대신 내일 출발하는 표를 샀다.

주거지

住살 주 居살 거 地땅 지 · residential area

사람이 사는 지역

정부에서는 땅을 목적에 따라 구분 지어 사용하고 있어요. 그중 일반 사람들이 사는 지역을 주거지라고 불러요. 주거지는 사람들이 생활하는 주택이나 아파트가 있는 지역이에요. 주거지 외에 상가나 회사가 있는 '상업지', 공장이 있는 '공업지' 등이 있어요.

함께 알기

주택(9.23) · 아파트(9.24)

예문 읽기

A초등학교는 아파트가 많은 주거지에 위치해있다.

★☆☆

4월 April | 14 | 경제 기초

경매

競다툴 경 賣팔 매 · auction

사려는 사람이 여럿일 때 가격을
가장 높게 부르는 사람에게 파는 것

사람들이 서로 경쟁하는 구매 방법을 경매라고 해요. 경매에서는 더 높은 가격으로 사겠다고 하는 사람이 물건을 살 수 있어요. 주로 희귀한 보석, 미술품, 유명인이 사용한 물건, 세상에 몇 개 남아있지 않는 물건처럼 희소성이 높은 것들이 경매를 통해 팔려요.

함께 알기

희소성(1.9)

예문 읽기

세계적으로 유명한 화가 뱅크시의 작품이 경매에서 15억 원에 팔렸다.

★★☆

9월 September | 18 | 부동산

리모델링

remodeling

오래된 건물 등의 구조를 새롭게 고쳐 바꾸는 것

리모델링은 건물의 뼈대는 그대로 두고 그 외에 구조나 인테리어 등을 고쳐 새롭게 만드는 것을 말해요. 보통은 건물의 겉이나 안을 리모델링해요. 주택이나 아파트뿐만 아니라 사무실이나 가게를 요즘 유행에 맞게 리모델링하기도 합니다.

예문 읽기

오래된 공장을 현대식으로 리모델링해 미술관을 만들었다.

★★☆

4월 April | 15 | 경제 기초

중산층

中가운데 중 産낳을 산 層층 층 · the middle class

한 사회에서 소유한 재산의 양이 중간에 있는 계층

중산층은 한 사회를 구성하는 사람 중 갖고 있는 재산이 중간쯤 되는 사람들을 가리키는 말이에요. 중산층이 적은 국가는 그만큼 빈부 격차가 심하다고 볼 수 있어요. 중산층을 정하는 기준은 소득, 재산, 여가 시간, 문화생활 등 여러 가지가 있으며 국가마다 기준이 달라요.

함께 알기

빈부 격차(2.12)

예문 읽기

중산층이 증가한다는 것은 사회가 점차 안정되고 있음을 보여준다.
애니메이션 〈심슨네 가족들〉은 미국 중산층 가족의 모습을 잘 보여준다.

★★★

9월 September | 17 | 부동산

재건축

再다시 재 建세울 건 築쌓을 축 · rebuilding

기존에 있던 건축물을 허물고 다시 건축하는 것

재건축은 오래돼 낡은 건물을 허물고 새 건물을 짓는 것은 재개발과 같지만, 재건축은 지역의 도로나 수도 등의 시설들은 낡지 않아 그대로 사용하고 건물만 허물고 다시 짓는 것을 말해요. 재건축을 하기 위해서는 건물에 살고 있는 사람들의 동의를 얻어야 해요.

함께 알기

재개발(9.16)

예문 읽기

A아파트는 너무 오래돼 붕괴 위험이 있어 재건축을 하기로 했다.

★☆☆

4월 April | 16 | 경제 기초

임금

賃품삯 임 金돈 금 · pay

일한 대가로 받는 돈

임금은 회사 등에서 일한 대가로 받는 돈을 말해요. 비슷한 말로는 '급여', '보수', '봉급' 등이 있어요. 회사에서 주는 돈이 1시간 기준이면 '시급', 1주일 기준이면 '주급', 1개월 기준이면 '월급', 1년 기준이면 '연봉'이라고 해요.

함께 알기

근로 소득(1.20)

예문 읽기

A회사는 매년 실적이 우수한 직원을 선정해 임금을 올려준다.

★★★

9월 September | 16 | 부동산

재개발

再다시 재 開열 개 發필 발 · redevelopment

기존에 있던 건축물과 시설 등을 허물고
더 낫게 하기 위해 다시 개발하는 것

건물은 지어질 때는 새것이지만 시간이 지날수록 낡아져요. 오래돼 낡아버린 건물은 제 기능을 못 할 수도 있고 주위 모습과 어울리지 않기도 하죠. 그래서 재개발을 하면 지역의 낡은 건물뿐만 아니라 도로나 수도, 가스 등의 시설들도 함께 개발해 오래된 동네가 새로운 모습으로 바뀌게 돼요.

함께 알기

재건축(9.17)

예문 읽기

정부는 도시 안에 오래되고 낡은 지역의 재개발 계획을 발표했다.

★☆☆

4월 April | 17 | 경제 기초

용돈

用쓸 용 + 돈 · pocket money

자유롭게 쓸 수 있는 돈

용돈은 한 사람이 자유롭게 쓸 수 있는 돈으로, 주로 소비하는 데 쓰는 돈을 말해요. 보통은 부모님이 자녀에게 주는 것처럼 어른이 아이에게 주는 돈을 용돈이라고 부르지만 자녀가 부모님에게 용돈을 주기도 해요.

함께 알기

소비(1.5)

예문 읽기

몇 달치 용돈을 모아 사고 싶은 게임기를 샀다.

★★★

9월 September | 15 | 부동산

청약

請청할 청 約맺을 약

부동산 계약을 체결하고자 신청하는 의사 표시

새 주택이나 아파트를 분양받기 전에 계약을 하겠다는 의사 표시로서 청약을 신청해요. 청약을 신청하려면 먼저 은행에서 청약 통장을 만들어야 합니다. 청약 통장은 새 주택이나 아파트를 분양받으려는 사람이 많을 때 누가 분양받을지 정하는 일종의 추첨권으로, 청약 통장에 오랫동안 꾸준히 돈을 입금할수록 당첨 확률이 높아져요.

함께 알기

분양(9.14)

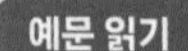

예문 읽기

청약에 당첨돼 새 아파트를 분양받았다.

★☆☆

4월
April

18

경제 기초

재테크

財재물 재 + tech

'재무 테크놀로지'를 줄여 부르는 말

재테크는 이익을 얻기 위해 갖고 있는 돈을 효율적으로 활용하고 관리하는 기술이에요. 원래는 기업에서 사용하는 말이었지만 지금은 일반 사람들도 많이 사용해요. '재테크를 잘한다'라는 말은 소비, 저축, 투자 등을 어떻게 할지 판단해 돈을 잘 관리하는 것을 의미해요.

함께 알기

소비(1.5) · 저축(5.9) · 투자(7.1)

예문 읽기

재테크를 잘해서 1년 만에 재산을 2배로 늘렸다.

★★★

9월 September | 14 | 부동산

분양

分나눌 분 讓넘겨줄 양

부동산을 나눠 파는 것

새 주택이나 아파트를 지으면 누가 구매할 것인지 정하고 나누는 것을 분양이라고 해요. 건설사는 새 주택이나 아파트가 다 지어지기 전에 '분양권'이라는 것을 팔아 사람들에게 분양을 하는데요. 분양권을 가진 사람은 새 주택이나 아파트가 완성되면 해당 부동산을 살 수 있는 권리를 가져요.

함께 알기

청약(9.15)

예문 읽기

작년에 분양받은 아파트가 이제 곧 완성된다.

★☆☆

4월
April

19

경제 기초

목돈

비교적 많은 돈

─ $ ─

살다 보면 큰돈이 필요할 때가 있어요. 대학교에 등록금을 내거나 결혼을 해서 집을 사기 위해 사람들은 목돈을 마련해두죠. 목돈과 반대로 얼마 되지 않는 적은 돈은 '푼돈'이라고 해요. "티끌 모아 태산"이라는 속담에서 티끌이 푼돈이라면 태산은 목돈이라고 할 수 있어요.

예문 읽기

매달 일정한 돈을 은행에 저축해 목돈을 만들었다.

★★☆

9월 September | 13 | 부동산

세대

世인간 세 帶띠 대

한집에서 함께 생활하는 가족 또는 집단

집을 셀 때 1채, 2채와 같이 세는 것처럼 '채'가 건물의 수를 세는 단위라면 세대는 한집에서 함께 생활하는 사람들의 집단을 세는 단위예요. 3명이 한 세대가 될 수도 있고 5명이 한 세대가 될 수도 있어요. 혼자 사는 경우에도 한 세대라고 부를 수 있어요.

예문 읽기

새로 짓는 아파트 단지에는 총 1,230세대가 입주할 예정이다.

★☆☆

4월 April | 20 | 경제 기초

종잣돈

種씨 종 子열매 자 + 돈 · seed money

더 나은 투자나 사업을 위해 밑천이 되는 돈

종잣돈은 투자나 사업을 위해 밑천이 되는 돈으로, 밑천은 어떤 일을 하는 데 바탕이 되는 돈을 말해요. 종잣돈은 식물이 작은 씨앗에서 싹을 틔워 꽃을 피우는 것에 비유한 말로, 영어로도 '씨앗이 되는 돈'이라는 뜻으로 '씨드머니seed money'라고 해요. 10만 원으로 주식 투자를 해서 100만 원이 됐다면 처음 투자한 10만 원이 종잣돈이에요.

함께 알기

투자(7.1)

예문 읽기

그는 투자받은 종잣돈으로 사업을 시작해 5년 만에 세계적인 기업을 만들었다.

★★☆

9월 September | 12 | 부동산

입주

새로운 건물에 들어가 사는 것

입주는 주택이나 아파트, 상가 등 새로운 건물에 이사해 들어가 사는 것을 말해요. 이전에 살던 건물이 아닌 다른 건물로 이사해 입주하기도 하고, 새로 지은 건물로 이사해 입주하기도 해요. 이때 건물에 입주한 사람을 '입주자' 또는 '입주민'이라고 합니다.

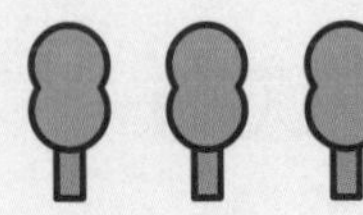

예문 읽기

새로 지은 아파트에 다음 달에 입주할 예정이다.

★☆☆

4월 April | 21 | 경제 기초

빚(부채)

負짐질 부 債빚 채 · debt

다른 사람에게 갚아야 할 돈

다른 사람이나 은행 같은 금융 기관에 빌려서 쓰고 갚아야 하는 돈을 우리말로 '빚', 한자어로 '부채'라고 해요. 빚은 사람뿐만 아니라 기업과 국가도 갖고 있어요. 빌린 돈은 약속한 금액과 날짜를 지켜 갚아야 하기 때문에 신중하게 생각하고 빌려야 해요. 다른 사람에게 도움을 받았을 때도 '빚을 졌다'라고 표현해요.

함께 알기

금융 기관(5.2) · 대출(6.13)

예문 읽기

집을 사려고 은행에서 빌린 부채가 아직 5,000만 원이나 남아있다.
내가 어려울 때 도움을 줬던 친구들에게 마음의 빚을 갖고 있다.

★★☆

9월 September | 11 | 부동산

공실

空빌 공 室집 실 · vacancy

사용하지 않고 비어있는 건물

공실은 사용할 수 있지만 사용하지 않고 있어 비어있는 건물이에요. 보통은 건물의 임대료가 비싸거나, 건물이 오래돼 낡았거나, 건물이 교통이 불편한 곳에 위치해있는 등의 이유로 공실이 생겨요.

예문 읽기

이 건물은 장사하기 좋은 위치에 있어 공실이 하나도 없다.

★☆☆

4월 April | 22 | 경제 기초

유통

流흐를 유 通통할 통 · distribution

상품이 생산지에서 소비자에게 도달하기까지 여러 단계에서 교환·분배되는 활동

물건들이 만들어지는 곳은 대부분 사람들이 사는 곳과 멀리 떨어져 있어요. 그래서 물건을 만든 곳에서 소비자가 있는 곳으로 이동시키는 유통이 필요한데요. 유통 단계가 길어지고 많아지면 소비자가 사는 물건의 최종 가격이 비싸지기도 해요.

예문 읽기

A가게의 제품이 저렴한 이유는 유통 단계를 줄였기 때문이다.

★★☆

9월 September

10

부동산

임차

賃품삯 임 借빌릴 차 · renting

돈을 내고 다른 사람의 물건이나 건물 등을 빌려 사용하는 것

주택이나 아파트를 임차하기도 하고, 회사 사무실로 사용하기 위해 빌딩을 임차하기도 하고, 장사를 하기 위해 상가를 임차하기도 해요. 이때 물건이나 건물을 빌린 사람을 '임차인', 빌린 대가로 내는 돈을 '임차료'라고 해요.

함께 알기

임대(9.9)

예문 읽기

고층 빌딩의 1층을 임차해 카페를 개업했다.

★★☆

4월 April | 23 | 경제 기초

소상공인

小작을 소 商장사 상 工장인 공 人사람 인

규모가 작은 기업이나 가게를 운영하는 사업자

소상공인은 규모가 특히 작고 직원 수가 적은 소기업이나 가게를 운영하는 사람이에요. 식당, 편의점, 문구점, 미용실, 학원 등을 운영하는 사장님들을 소상공인이라고 할 수 있어요. 정부에서는 소상공인으로 분류하는 여러 기준을 정해놓고 있어요.

예문 읽기

정부는 코로나19로 어려움을 겪는 소상공인을 위해 여러 지원 정책을 마련하고 있다.

★★☆

9월 September | 9 | 부동산

임대

賃품삯 임 貸빌릴 대 · renting

돈을 받고 자기 물건이나 건물 등을 다른 사람에게 빌려주는 것

길을 가다 보면 건물에 '임대'라고 써진 글자를 종종 볼 수 있는데요. 그 건물을 빌려주겠다는 의미예요. 이때 물건이나 건물을 빌려주는 사람을 '임대인', 빌려주고 받는 돈을 '임대료'라고 해요.

함께 알기

임차(9.10)

예문 읽기

건물 주인과 협의해 사무실의 임대 기간을 1년 더 연장했다.

★☆☆

4월 April | 24 | 경제 기초

개업

開열 개 業일 업 · open business

영업 등을 처음 시작하는 것

회사나 가게를 새롭게 열고 영업을 시작하는 것을 개업이라고 해요. '새롭게 꾸며 문을 열다'라는 의미로 '신장新裝개업'이라는 말을 사용하기도 해요.

함께 알기

영업(3.21) · 휴업(4.25) · 폐업(4.26)

예문 읽기

작년에 개업한 식당이 장사가 잘되어 곧 2호점을 개업할 예정이다.

★★☆

9월 September | 8 | 부동산

전출

轉옮길 전 出날 출 · move out

이전 거주지에서 새 거주지로 옮겨 가는 것

전출도 전입처럼 살고 있는 지역이나 집을 옮겨 주소가 바뀌는 것인데, 두 말에는 차이가 있어요. 만약 부산에서 서울로 이사를 갔다면 부산에서 전출을 한 거예요. 전출을 하면 행정복지센터에 전출했다고 신고를 해야 해요.

함께 알기

이사(9.6) · 전입(9.7)

예문 읽기

그 지역은 도시로 떠나는 사람이 많아 전입보다 전출이 많다.

★☆☆

4월 April | 25 | 경제 기초

휴업

休쉴 휴 業일 업 · close temporarily

영업 등을 일시적으로 중단하고 쉬는 것

휴업은 어떤 이유로 회사나 가게의 영업을 중단하고 한동안 쉬는 것을 말해요. 보통 1주일 중 하루 이틀 정도의 휴업일을 정해두는 경우가 많아요. 1년 동안 하루도 쉬지 않을 경우에는 '연중무휴年中無休'라는 말을 사용해요.

함께 알기

영업(3.21) · 개업(4.24) · 폐업(4.26)

예문 읽기

단골인 미용실의 휴업일은 매주 일요일이다.

★★☆

9월 September | 7 | 부동산

전입

轉옮길 전 入들 입 · move in

이전 거주지에서 새 거주지로 옮겨 오는 것

전입은 살고 있는 지역이나 집을 옮겨 주소가 바뀌는 것을 말해요. 만약 부산에서 서울로 이사를 갔다면 서울로 전입을 한 거예요. 전입을 하면 행정복지센터에 전입했다고 신고를 해야 해요.

함께 알기

이사(9.6) · 전출(9.8)

예문 읽기

가족들과 서울에서 제주도로 이사를 온 뒤 전입 신고를 했다.

폐업

廢폐할 폐 業일 업 · close business

영업 등을 그만두는 것

한동안 쉬는 휴업과 다르게 회사나 가게의 영업을 아예 끝내는 것을 폐업이라고 해요. 더 이상 장사를 할 수 없게 됐을 때 폐업을 하는데, 대부분은 장사가 잘되지 않아 폐업을 하는 경우가 많아요.

함께 알기

영업(3.21) · 개업(4.24) · 휴업(4.25)

예문 읽기

경기 침체가 계속되면서 장사가 잘되지 않아 폐업하는 가게가 많아지고 있다.

★☆☆

9월 September | 6 | 부동산

이사

移옮길 이 徙옮길 사 · move

사는 곳을 다른 곳으로 옮기는 것

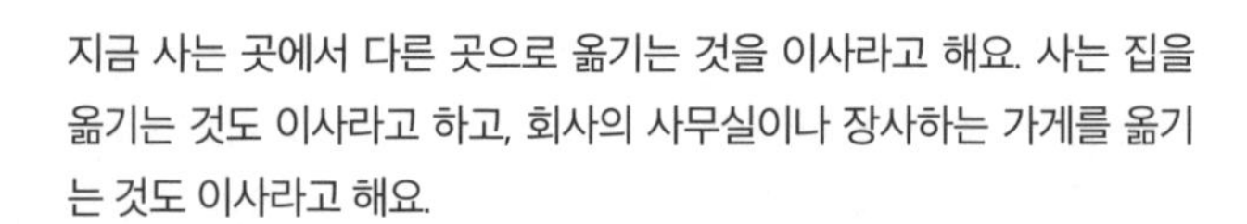

지금 사는 곳에서 다른 곳으로 옮기는 것을 이사라고 해요. 사는 집을 옮기는 것도 이사라고 하고, 회사의 사무실이나 장사하는 가게를 옮기는 것도 이사라고 해요.

함께 알기

전입(9.7) · 전출(9.8)

예문 읽기

영희는 가족이 다른 지역으로 이사를 가면서 다니던 학교에서 전학을 갔다.

★☆☆

4월 April | 27 | 경제 기초

환불

還돌아올 환 拂떨칠 불 · refund

이미 지불한 돈을 되돌려 받는 것

만약 가게에서 사온 물건이 고장 또는 일부 부서진 상태이거나 갑자기 필요가 없어진 경우에 물건을 돌려주고 환불을 받을 수 있어요. 하지만 사온 물건의 포장을 뜯었거나 이미 사용했다면 환불이 어려울 수 있습니다. 환불을 받기 위해서는 물건을 살 때 받았던 영수증이 필요해요.

함께 알기

반품(4.28) · 영수증(4.29)

예문 읽기

온라인으로 산 옷을 입어보니 사이즈가 맞지 않아 환불을 요청했다.

★★☆

9월 September | 5 | 부동산

세입자

貰세낼 세 入들 입 者사람 자 · tenant

돈을 내고 다른 사람의 건물 등을 빌려 사용하는 사람

집을 소유한 집주인에게 전세 또는 월세로 그 집을 빌려 사용하는 사람을 세입자라고 해요. 집주인과 세입자는 건물을 빌리는 것에 대한 계약서를 작성해요.

함께 알기

전세(9.3) · 월세(9.4) · 계약서(12.24)

예문 읽기

비어있던 방에 다음 달부터 새로운 세입자가 들어와 살기로 했다.

★☆☆

4월 April | 28 | 경제 기초

반품

返돌아올 반 品물건 품 · return

이미 산 물건을 되돌려 주는 것

환불을 받고 싶다면 먼저 반품을 해야 해요. 예를 들어 휴대폰을 샀는데, 작동이 안 된다면 먼저 반품을 한 뒤에 환불을 받을 수 있어요. 이처럼 사온 물건이 고장 또는 일부 부서진 상태이거나 갑자기 필요가 없어진 경우에 반품을 할 수 있지만, 포장을 뜯었거나 이미 사용했다면 반품이 어려울 수 있어요.

함께 알기

환불(4.27) · 영수증(4.29)

마트에서 사온 우유가 유통 기한이 지난 것을 확인하고 반품을 했다.

★★☆

9월 September | 4 | 부동산

월세

月달 월 貰세낼 세 · monthly rent

매달 돈을 내고 부동산을 일정 기간 동안 빌려 사용하는 것

월세는 부동산의 주인에게 매달 정해진 날짜에 정해진 돈을 내고 정해진 기간 동안 부동산을 빌려 사용하는 거예요. 이때 매달 내는 돈을 '월세금' 또는 줄여서 '월세'라고 해요. 전세와 마찬가지로 월세로 부동산을 빌릴 때도 정해진 보증금을 내야 하며 부동산 사용 기간이 끝나면 보증금은 다시 돌려받아요.

함께 알기

보증금(9.2) · 전세(9.3)

예문 읽기

이 주택은 보증금 3,000만 원에 월세가 50만 원이다.

★☆☆

4월 April | 29 | 경제 기초

영수증

領거느릴 영 收거둘 수 證증거 증 · receipt

돈이나 물건 등을 받은 사실을 표시하는 증서

상대방에게 돈을 주면 받은 사람은 받은 날짜와 금액 등을 적어 돈을 준 사람에게 영수증을 내어 줘요. 마트에서 장을 보는 것도 돈을 주고 물건을 받는 일이에요. 이것을 표시하기 위해 영수증에는 구매한 물건의 종류, 가격, 개수, 그리고 마트의 정보도 적혀 있죠. 구매한 물건을 교환이나 환불, 반품하려면 영수증이 필요해요.

함께 알기

환불(4.27) · 반품(4.28)

예문 읽기

어제 서점에서 산 책을 교환하려고 영수증과 책을 가지고 다시 서점에 갔다.

★★☆

9월 September | 3 | 부동산

전세

傳전할 전 貰세낼 세

돈을 맡기고 부동산을 일정 기간 동안 빌려 사용하는 것

전세는 부동산의 주인에게 보증금만 내고 그 부동산을 정해진 기간 동안 빌려 사용하는 거예요. 이때 내는 보증금을 '전세금' 또는 '전세 보증금'이라고 해요. 전세로 부동산을 빌리면 전세금만 내고 매달 추가로 내야 하는 돈은 없으며 부동산 사용 기간이 끝나면 전세금은 다시 돌려받아요.

함께 알기

보증금(9.2) · 월세(9.4)

예문 읽기

2년 동안 전세로 빌린 아파트의 계약이 다음 달에 끝난다.

★★☆

4월 April | 30 | 경제 기초

시가

時때 시 價값 가 · market price

일정한 시기의 물건값

가게에서 파는 대부분의 물건은 가격표에 가격이 적혀 있지만, 물건값이 너무 오르락내리락하면 가격을 적어두기 어려워 시가라고 적어두는 경우가 있어요. 주로 횟집에서 수시로 값이 변하는 생선을 시가로 팔죠. 시가는 매일 변하기 때문에 그날 물어봐야 정확한 가격을 알 수 있어요.

함께 알기

가격(1.10)

예문 읽기

횟집 사장님께 여쭤보니 다금바리의 오늘 시가는 30만 원이라고 하셨다.

★★☆

9월 September | 2 | 부동산

보증금

保지킬 보 證증거 증 金돈 금 · deposit

물건 등을 빌릴 때 담보로 미리 주는 돈

보증금은 물건이나 부동산을 빌릴 때 상대방에게 맡겨두는 돈을 말해요. 빌린 것을 다 사용하고 상대방에게 돌려주면 보증금도 그대로 돌려받아요. 전세나 월세로 부동산을 빌릴 때는 정해진 보증금을 내야 해요.

함께 알기

담보(6.15) · 전세(9.3) · 월세(9.4)

예문 읽기

새로 지은 빌딩의 사무실을 빌리면서 보증금으로 5,000만 원을 냈다.

4월 퀴즈

1. □□ 을 늘리기 위해 원가를 최대한 낮추고 판매가를 올렸다. (4.3)
2. 우리나라의 영화 산업은 엄청난 □□ □□ 를 만들어내고 있다. (4.6)
3. □□ 생활을 대비해 연금 상품에 가입했다. (4.7)
4. A마트에서는 과일과 채소를 저렴한 가격에 □□□□ 로 판매한다. (4.8)
5. 온라인으로 요리에 필요한 재료를 주문하고 5만 원을 □□ 했다. (4.11)
6. □□□ 이 증가한다는 것은 사회가 점차 안정되고 있음을 보여준다. (4.15)
7. □□□ 를 잘해서 1년 만에 재산을 2배로 늘렸다. (4.18)
8. 매달 일정한 돈을 은행에 저축해 □□ 을 만들었다. (4.19)
9. 그는 투자받은 □□□ 으로 사업을 시작해 5년 만에 세계적인 기업을 만들었다. (4.20)
10. 온라인으로 산 옷을 입어보니 사이즈가 맞지 않아 □□ 을 요청했다. (4.27)

★☆☆

9월 September | 1 | 부동산

부동산

不아닐 부 動움직일 동 産낳을 산 · real estate

움직여 옮길 수 없는 재산

재산에는 여러 종류가 있는데요. 돈뿐만 아니라 자동차나 보석 같은 물건들도 재산이에요. 그리고 그중 옮길 수 없는 재산을 부동산이라고 합니다. 부동산은 말 그대로 움직일 수 없는 재산이라는 의미예요. 주택이나 아파트 같은 건물과 산이나 땅 등이 부동산에 해당해요.

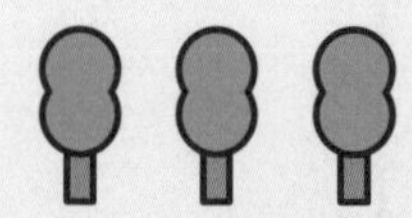

함께 알기

상가(9.21) · 주택(9.23) · 아파트(9.24)

예문 읽기

그는 아파트와 빌딩 등 부동산 자산을 많이 갖고 있다.
아파트를 사려는 사람들이 늘어나면서 부동산 시장이 활기를 띠고 있다.

5월
은행

9월
부동산

★☆☆

5월 May | 1 | 은행

은행

銀화폐 은 行은행 행 · bank

예금과 대출을 주요 업무로 하는 금융 기관

-$-

은행은 사람들이 맡긴 돈을 안전하게 보관해주는 곳이에요. 또한 은행은 사람들이 맡긴 돈을 다른 사람이나 기업에게 빌려준 뒤 이자를 받고 그중 일부를 돈을 맡긴 사람들에게 나눠주는데요. 이때 정해진 금리에 따라 돈을 맡긴 사람들에게 이자를 줍니다.

함께 알기

금융 기관(5.2) · 예금(6.8) · 대출(6.13)

예문 읽기

설날에 받은 세뱃돈을 모아 은행에 예금했다.

8월 퀴즈

---

1. □□□의 결정으로 A기업은 해외 투자를 확대하기로 했다. (8.5)
2. A기업의 □□□□를 보니 수년 동안 매출이 계속 줄어들었다는 것을 알 수 있었다. (8.8)
3. 직원이 □□관리를 제대로 하지 않아 회사가 큰 손해를 봤다. (8.9)
4. A햄버거 가게는 키오스크(무인 주문 기계)를 설치해 □□□를 절반으로 줄였다. (8.13)
5. □□를 통해 직원이 회삿돈 10억 원을 횡령한 사실을 발견했다. (8.15)
6. 디즈니가 여러 영화사를 인수하면서 영화 산업을 □□할 수도 있다는 의견이 많다. (8.16)
7. 버스 기사들과 회사 간의 □□ □□이 해결될 기미가 보이지 않는다. (8.20)
8. 새로 생긴 가구 공장에서 직원 30명을 □□했다. (8.28)
9. 오랜 경기 불황으로 □□인구가 점차 증가하고 있다. (8.29)
10. 경기 침체로 기업들이 □□ □□을 하면서 일자리를 잃는 사람들이 늘어나고 있다. (8.30)

금융 기관

金돈 금 融녹을 융 機기계 기 關관계할 관 · financial institution

사람이나 기업에게 돈을 빌려주거나 투자하는 기관

금융은 돈이 필요한 사람들에게 돈을 빌려주거나 투자하는 것으로, 금융 기관은 사람들이 예금한 돈으로 대출이나 투자를 해서 돈을 버는 기관이에요. 은행, 보험 회사, 금융 투자 회사 등이 대표적인 금융 기관이에요.

함께 알기

은행(5.1) · 대출(6.13) · 투자(7.1) · 보험 회사(11.9)

예문 읽기

금융감독원은 우리나라의 금융 기관을 검사하고 감독하는 정부 기관이다.

★☆☆

8월
August

31

투자 / 기업

해고

解풀 해 雇고용할 고 · dismissal

회사가 고용 계약을 해지하고 직원을 내보내는 것

해고는 고용인인 회사가 고용 계약을 끝내고 피고용인인 직원을 내보내는 것을 말해요. 직원 본인의 의지로 회사를 그만두는 퇴직과 다르게 본인의 의지와 상관없이 고용인이 회사를 그만두게 하는 거예요. 직원이 잘못을 했거나 성과를 내지 못하는 등 회사가 직원을 해고하는 이유는 다양해요.

함께 알기

고용(8.28) · 실업(8.29)

예문 읽기

그는 불성실한 근무 태도 때문에 회사에서 해고를 당했다.

★★☆

5월
May

3

인터넷 전문 은행

internet + 專오로지 전 門문 문 銀화폐 은 行은행 행 · internet bank

모든 금융 업무를 온라인에서 하는 은행

길을 가다가 '○○은행'이라고 적힌 은행들을 볼 수 있는데요. 인터넷 기술이 발달하고 많은 사람이 휴대폰을 사용하게 되면서 은행을 직접 방문하지 않고 컴퓨터나 휴대폰을 이용해 온라인으로만 은행 업무를 할 수 있는 인터넷 전문 은행이 등장했어요. 우리나라에는 '카카오뱅크'와 '케이뱅크' 등이 있어요.

함께 알기

은행(5.1) · 금융 기관(5.2)

예문 읽기

케이뱅크는 우리나라 최초의 인터넷 전문 은행이다.

★★★

8월 August | 30 | 투자 / 기업

구조 조정

構얽을 구 造지을 조 調고를 조 整가지런할 정 · restructuring

기업이 변화에 대응하기 위해
사업이나 조직 구조를 변화시키는 것

회사는 산업이 크게 바뀌거나 이익이 줄어드는 등의 변화가 생기면 과거와 똑같이 회사를 운영하기 어려울 수 있어요. 그래서 회사가 발전하기 위해 운영하는 사업을 바꾸거나 직원의 수를 조절하는 등의 구조 조정을 해요.

함께 알기

기업(7.27) · 실업(8.29)

예문 읽기

경기 침체로 기업들이 구조 조정을 하면서 일자리를 잃는 사람들이 늘어나고 있다.

★☆☆

5월 May | 4 | 은행

현금

現나타날 현 金돈 금 · cash

중앙은행에서 발행하는 동전이나 지폐

현금은 재화나 용역을 살 수 있는 동전이나 지폐를 말해요. 우리나라에는 10원, 50원, 100원, 500원짜리 동전과 1,000원, 5,000원, 10,000원, 50,000원짜리 지폐까지 총 8종류가 있어요. 현금은 우리나라의 중앙은행인 한국은행에서 발행합니다.

함께 알기

중앙은행(5.21)

예문 읽기

백화점에서 상품권으로 물건을 샀더니 점원이 남은 금액을 현금으로 거슬러 줬다.

★☆☆

8월 August | 29 | 투자 / 기업

실업

失잃을 실 業일 업 · unemployment

일자리를 잃거나 일할 기회를 얻지 못하는 상태

회사에서 일을 하다가 일자리를 잃은 사람도 실업한 것이고, 일자리를 구하기 위해 노력하고 있지만 구하지 못하는 사람도 실업한 거예요. 경기 침체와 회사의 구조 조정으로 인한 실업, 사라지는 산업 때문에 발생하는 실업 등 실업이 발생하는 이유는 다양해요.

함께 알기

경기 침체(1.30) · 고용(8.28) · 구조 조정(8.30)

예문 읽기

오랜 경기 불황으로 실업 인구가 점차 증가하고 있다.

★★☆

5월 May | 5 | 은행

수표

手손 수 票표 표 · check

계좌에 들어있는 돈만큼 발급받아 사용하는 수표

수표는 경제가 발전하면서 많은 양의 현금을 쉽게 사용하고 보관하기 위해 만들어졌어요. 많은 양의 돈을 모두 현금으로 갖고 있으면 들고 다니거나 세어보기가 어려워요. 이때 수표를 사용하면 큰돈도 몇 장 안 되는 수표로 거래할 수 있어요. 수표는 일반 은행에서 발행합니다.

함께 알기

현금(5.4)

예문 읽기

은행에서 100만 원을 현금으로 출금하지 않고 수표 1장으로 출금했다.

★★☆

8월 August | 28 | 투자 / 기업

고용

雇고용할 고 傭품 팔 용 | 雇고용할 고 用쓸 용 · employment

임금을 받고 일을 해주는 것 | 임금을 주고 사람을 부리는 것

돈을 받고 일을 하는 사람은 '고용됐다', 돈을 주고 일을 시키는 사람은 '고용했다'라고 표현해요. 또한 고용된 사람을 '피고용인', 고용한 사람을 '고용인' 또는 '고용주'라고 해요.

함께 알기

임금(4.16) · 실업(8.29)

예문 읽기

평소 원하던 회사에 고용돼 다음 달부터 출근할 예정이다.
새로 생긴 가구 공장에서 직원 30명을 고용했다.

★★☆

5월
May

6

은행

백지 수표

白흰 백 地땅 지 手손 수 票표 표 · blank check

수표에 금액을 적지 않고 발행한 수표

백지 수표를 뜻 그대로 풀이하면 아무것도 적지 않은 수표예요. 그런데 백지 수표는 보통 금액이 적혀 있지 않은 수표를 말해요. 금액이 적혀 있지 않기 때문에 수표의 주인이 직접 적어넣는 금액으로 사용할 수 있어요.

함께 알기

수표(5.5)

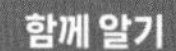

예문 읽기

구단은 다른 팀에서 활동하는 유명한 축구 선수를 데려오기 위해 백지 수표를 제시했다.

★★☆

8월
August

27

투자 / 기업

퇴직금

退물러날 퇴 職벼슬 직 金돈 금 · severance pay

퇴직하는 사람에게 회사에서 주는 돈

퇴직금은 회사를 그만두고 나올 때 받는 돈이에요. 회사에서는 직원들이 그만둘 때를 대비해 일정한 금액의 돈을 모아뒀다가 직원이 그만둔 뒤 14일 안에 퇴직금을 내줘야 해요. 퇴직금은 한 회사에 일한 기간이 길수록 금액이 커져요.

함께 알기

정년퇴직(8.25) · 명예퇴직(8.26)

예문 읽기

회사를 그만둔 뒤 받은 퇴직금으로 노후를 보내고 있다.

체크 카드

debit card

보통 예금 계좌에 들어있는 금액만큼
결제할 수 있는 카드

체크 카드는 보통 예금 계좌와 연결돼있어 카드를 사용하면 계좌에서 바로 돈이 빠져나가는 카드예요. 만약 1만 원짜리 물건을 사고 결제를 하려는데, 계좌에 돈이 5,000원밖에 들어있지 않다면 빠져나가야 할 금액이 부족하므로 결제가 되지 않아요.

함께 알기

결제(4.11) · 신용 카드(5.8) · 계좌(5.23) · 보통 예금(6.9)

예문 읽기

계좌의 잔고가 부족해 체크 카드 결제가 승인되지 않았다.

★★☆

8월
August

26

투자 / 기업

명예퇴직

名이름 명 譽기릴 예 退물러날 퇴 職벼슬 직 · voluntary resignation

직원이 스스로 신청해 직장을 그만두는 것

명예퇴직은 회사에서 일하는 직원이 스스로 그만두겠다고 신청해 퇴직하는 것을 말해요. 그런데 회사를 그만둔다고 무조건 명예퇴직이 되지 않으며 회사에서 정한 일한 연수, 나이 등의 기준을 만족해야 해요.

함께 알기

정년퇴직(8.25)

예문 읽기

그는 20년 동안 다니던 정든 회사를 명예퇴직했다.

★★☆

5월
May

8

은행

신용 카드

信믿을 신 用쓸 용 + card · credit card

결제한 금액을 일정 기간 뒤에 지불하는 카드

신용 카드로 결제한 돈은 체크 카드처럼 계좌에서 바로 빠져나가지 않고 한 달에 한 번 정해진 날짜에 빠져나가요. 그래서 한 달 동안 신용 카드로 결제한 금액을 계좌에 넣어두면 신용 카드 회사에서 정해진 날짜가 되면 한 번에 찾아갑니다. 신용 카드로 결제한 돈은 한 달 뒤에 갚아야 하는 빚인 셈이에요.

함께 알기

할부(4.10) · 결제(4.11) · 체크 카드(5.7)

예문 읽기

신용 카드를 생각 없이 쓰는 바람에 갚아야 할 카드비가 눈덩이처럼 불어났다.

★★☆

8월 August | 25 | 투자 / 기업

정년퇴직

停머무를 정 年해 년 退물러날 퇴 職벼슬 직 · retirement

일정한 나이가 되어 직장을 그만두는 것

퇴직은 직장을 그만두는 것을 말해요. 사람들이 퇴직을 하는 이유는 다양한데요. 그중 이 나이까지 일할 수 있다고 회사에서 정한 나이가 되어 그만두는 것을 정년퇴직이라고 해요. 보통 60세에서 65세 정도가 되면 정년퇴직을 하며 회사마다 정하는 정년퇴직 나이는 모두 달라요.

함께 알기

명예퇴직(8.26)

예문 읽기

그동안 열심히 일하고 60세가 되어 정년퇴직을 하신 아버지를 위해 축하 파티를 열었다.

저축

貯쌓을 저 蓄쌓을 축 · savings

소득 중 소비로 지출되지 않은 부분

저축에는 저금통에 저축하는 방법과 은행에 저축하는 방법이 있는데요. 저금통에 1,000원을 저축하면 1년이 지나도 금액이 같지만, 은행에 저축하면 1,000원에 대한 1년 동안의 이자를 받을 수 있어요. 은행은 사람들이 맡긴 돈을 다른 사람이나 기업에 빌려주기 때문에 경제에 도움이 돼요.

함께 알기

소비(1.5) · 소득(1.19) · 지출(3.1) · 투자(7.1)

예문 읽기

갖고 싶은 자전거를 사기 위해 용돈을 저축하고 있다.

★★☆

8월
August

24

투자 / 기업

성과급

成이룰 성 果열매 과 給줄 급 · bonus

일의 성과를 기준으로 주는 돈

같은 회사에서 일하는 직원이라도 매출에 기여한 정도는 사람마다 다른데요. 각 직원이나 부서가 일한 성과에 따라 임금 외에 추가로 주는 돈을 성과급이라고 해요.

함께 알기

임금(4.16)

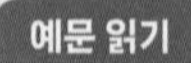

예문 읽기

회사는 생산 실적이 우수한 팀에게 성과급을 주기로 했다.

★☆☆

10

은행

원금

元처음 원 金돈 금 · principal

이자 등이 붙지 않은 본래의 돈

원금은 본래 갖고 있는 돈 또는 은행에 맡긴 돈 중 이자를 제외한 본래의 돈을 말해요. 은행에 100만 원을 예금해 5만 원의 이자를 받았다면 이자를 제외한 100만 원이 원금이에요. 은행에 돈을 맡기면 원금이 줄어드는 일은 없어요. 또한 은행에서 돈을 빌릴 때도 이자를 제외한 처음 빌린 돈이 원금이 됩니다.

함께 알기

이자(5.11) · 예금(6.8) · 대출(6.13)

예문 읽기

은행에 예금한 원금이 클수록 더 많은 이자를 받을 수 있다.

★★☆

8월 August | 23 | 투자 / 기업

상여금

賞상줄 상 與더불 여 金돈 금 · bonus

상으로 주는 돈

상여는 상으로 돈이나 물건을 주는 것을 말해요. 보통은 월급 외에 설날이나 추석, 연말 등 특별한 날에 회사에서 주는 돈을 상여금 또는 영어 단어 그대로 '보너스bonus'라고 해요.

함께 알기

임금(4.16)

예문 읽기

우리 회사는 1년에 두 번, 설날과 추석에 명절 상여금을 준다.

이자

利이로울 이 子이자 자 · interest

돈을 빌려 쓴 대가로 지불하는
일정한 비율의 돈

은행에서 100만 원을 빌린 사람이 105만 원을 갚았다면 100만 원이 원금, 5만 원이 이자예요. 마찬가지로 은행에 돈을 예금하면 은행은 사람들이 맡긴 돈을 사용한 대가로 이자를 줍니다. 이자는 빌리거나 예금한 돈이 많을수록, 기간이 길수록 많아져요.

함께 알기

원금(5.10) · 예금(6.8) · 대출(6.13)

예문 읽기

은행에 대출 이자로 매달 10만 원을 내고 있다.

★★☆

8월 August | 22 | 투자 / 기업

태업

怠게으를 태 業일 업 · slowdown

업무나 공부 등을 게을리 하는 것

태업은 일은 하지만 일부러 게을리 하거나 대충해 회사에 손해가 가도록 하는 것을 말해요. 태업도 파업처럼 직원들이 회사에 요구하는 것이 잘 받아들여지지 않을 경우에 해요. 평소라면 하루에 100개의 제품을 만들 수 있는 직원이 고의로 10개를 만든다면 태업을 하고 있는 거예요.

함께 알기

노사 갈등(8.20) · 파업(8.21)

예문 읽기

직원들의 태업으로 생산량이 눈에 띄게 줄어들었다.

★★☆

5월 May | 12 | 은행

원리금

元처음 원 利이로울 리 金돈 금 · principal and interest

원금과 이자를 합친 돈

원금이 100만 원이고 이자가 10만 원이면 원리금은 110만 원이에요. 원리금은 다른 말로 '원리합계'라고도 합니다. 은행에 예금을 하면 은행은 맡긴 원금과 이자를 합친 원리금을 내어 주고, 반대로 은행에서 대출을 받으면 빌린 원금과 이자를 합친 원리금을 은행에 갚아야 해요.

함께 알기

원금(5.10) · 이자(5.11) · 예금(6.8) · 대출(6.13)

예문 읽기

대출 원리금 110만 원 중 원금은 80만 원이고 이자는 30만 원이다.

★★☆

8월 August | 21 | 투자 / 기업

파업

罷파할 파 業일 업 · strike

집단으로 업무를 중지하는 것

직원들이 회사에 무언가를 요구했는데, 잘 받아들여지지 않으면 여러 직원이 집단으로 하던 일을 중지하는 파업을 하는 경우가 있어요. 파업을 하면 일이 진행되지 않고 멈추기 때문에 회사에 손해가 생길 수 있으며, 고객들이 제품이나 서비스를 제대로 받지 못할 수 있어요.

함께 알기

노사 갈등(8.20) · 태업(8.22)

예문 읽기

A공장의 직원들이 회사에 임금 인상을 요구하면서 파업에 들어갔다.

★☆☆

5월 May | 13 | 은행

金돈 금 利이로울 리 · interest rate

예금이나 빌려준 돈 등에 붙는 이자의 비율

이자는 돈의 액수, 금리는 돈의 비율을 말해요. 은행에 100만 원을 예금했는데, 이자가 5만 원이면 금리는 5%예요. 금리는 다른 말로 '이율', '이자율'이라고도 하며 퍼센트[%]로 나타냅니다. 은행에 돈을 맡길 때는 금리가 높아야 이자를 많이 받고, 돈을 빌릴 때는 금리가 낮아야 이자를 적게 내요.

함께 알기

퍼센트(3.29) · 이자(5.11) · 예금(6.8) · 대출(6.13)

예문 읽기

여러 은행에서 판매하는 예금 상품을 비교해보고 금리가 가장 높은 상품에 가입했다.

★★☆

8월 August | 20 | 투자 / 기업

노사 갈등

勞수고로울 노 使부릴 사 葛칡 갈 藤등나무 등

노동자와 사용자 간에 생기는 갈등

회사에 고용돼 일을 하는 노동자와 노동자를 고용해 일을 시키는 사용자인 회사 간에 각자가 원하는 임금이나 일하는 조건 등에 차이가 있어 노사 갈등이 발생해요. 갈등이 해결되지 않으면 노동자들이 파업이나 태업을 하기도 해요.

함께 알기

파업(8.21) · 태업(8.22)

예문 읽기

버스 기사들과 회사 간의 노사 갈등이 해결될 기미가 보이지 않는다.

★★☆

5월 May | 14 | 은행

연이율

年해 연 利이로울 이 率비율 율 · annual percentage rate

1년을 단위로 정한 이율

이율은 금리와 같은 의미로 사용되는데요. 은행에서는 보통 1년을 기준으로 이자의 비율을 나타내는 연이율이 많이 사용해요. 빌린 돈이 100만 원이고 연이율이 10%라면 1년에 10만 원의 이자를 내야 하는 것이죠. 은행에 예금을 할 때도 연이율을 많이 사용해요.

함께 알기

금리(5.13)

예문 읽기

A은행에서 연이율 5%의 대출 상품이 나왔다.

★★☆

8월 August | 19 | 투자 / 기업

不아닐 부 渡건널 도 · bankruptcy

기업이 갚아야 할 돈을 제때 갚지 못하는 것

회사가 은행 같은 금융 기관으로부터 빌린 돈을 제때 갚지 못해 망하면 '회사가 부도났다'라고 표현해요. 부도가 난 회사는 망해서 없어지는 경우도 있고, 돈을 빌려준 기관들이 의논해 다시 살리는 경우도 있어요.

함께 알기

금융 기관(5.2)

예문 읽기

우리나라에서는 IMF 금융 위기 때 많은 회사가 부도났다.

★★★

5월 May | 15 | 은행

법정 이자율

法법 법 定정할 정 利이로울 이 子이자 자 率비율 율

금융 기관이 빌려주는 돈에 대해
법적으로 정해놓은 이자율

돈을 빌려주는 사람이 이자율을 마음대로 정할 수 있다면 터무니없이 높일 수도 있어요. 그래서 정부에서는 돈을 빌리는 사람들을 보호하기 위해 법정 이자율을 정해놓았어요. 정부에서 정한 이자율 이상은 올리지 못하는 것이죠. 우리나라의 법정 이자율은 1년에 최대 20%예요.

함께 알기

금리(5.13) · 대출(6.13)

예문 읽기

법정 최고 이자율인 20%를 초과해 돈을 빌려주면 처벌을 받는다.

★★☆

8월
August

18

투자 / 기업

담합

談말씀 담 合합할 합 · collusion

남들 모르게 몇몇 기업끼리
부정적인 약속을 하는 것

시장을 독과점한 몇몇 회사가 다른 사람들은 모르게 자기들끼리 서로 이야기를 나눠 물건의 가격 등을 정하는 것을 담합이라고 해요. 담합을 하면 물건의 가격이 떨어지지 않고 계속 올라가기 때문에 소비자가 피해를 볼 수 있어요.

함께 알기

독점(8.16) · 과점(8.17)

예문 읽기

닭고기를 판매하는 몇몇 회사가 담합을 해서 닭고기 가격을 내리지 않은 것으로 밝혀졌다.

★★★

5월 May | 16 | 은행

고정 금리

固굳을 고 定정할 정 金돈 금 利이로울 리 · fixed interest rate

예금이나 대출을 할 때 처음 약속한 금리가 만기 때까지 바뀌지 않는 금리

은행에서 처음에 고정 금리 4%로 대출을 받았다면 이후 은행의 대출 금리가 3%로 내려가도, 5%로 올라가도 금리는 처음 약속한 4%에서 변하지 않아요. 앞으로 금리가 오를 거라고 예상되면 대출받을 때 고정 금리를 선택하는 것이 좋아요.

함께 알기

금리(5.13) · 변동 금리(5.17) · 만기(6.6) · 대출(6.13)

예문 읽기

고정 금리 대출 상품은 금리가 변동되지 않아 안정적이지만 대신 금리가 높은 편이다.

★★☆

8월 August | 17 | 투자 / 기업

과점

寡적을 과 占점령할 점 · oligopoly

몇몇 기업이 특정 재화나 용역의 생산과 시장 대부분을 지배하는 것

과점은 재화나 용역을 만들거나 판매하는 회사가 몇 개 되지 않아 시장의 대부분을 지배하는 현상이에요. 재화나 용역을 만들거나 판매하는 회사가 1개뿐이면 독점, 2개 이상이면 과점이라고 하며 독점과 과점을 합쳐 '독과점'이라고도 불러요.

함께 알기

시장(3.24) · 독점(8.16)

예문 읽기

삼성전자와 애플은 전 세계 스마트폰 시장을 과점하고 있다.

변동 금리

變변할 변 動움직일 동 金돈 금 利이로울 리 · variable interest rate

예금이나 대출을 할 때 처음 약속한 금리가 바뀌는 금리

은행에서 정하는 금리가 바뀔 때마다 예금이나 대출 금리도 바뀌는데요. 은행에서 처음에 변동 금리 4%로 대출을 받았더라도 이후 은행의 대출 금리가 5%로 올라가면 처음 가입한 대출의 금리도 5%가 돼요. 앞으로 금리가 내릴 거라고 예상되면 대출받을 때 변동 금리를 선택하는 것이 좋아요.

함께 알기

금리(5.13) · 고정 금리(5.16) · 대출(6.13)

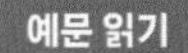

최근 금리가 많이 올라 변동 금리 대출 이자가 크게 늘어났다.

★★☆

8월 August | 16 | 투자 / 기업

독점

獨홀로 독 占점령할 점 · monopoly

한 기업이 경쟁자 없이 특정 재화나 용역의 생산과 시장을 지배해 이익을 독차지하는 것

독점은 재화나 용역을 만들거나 판매하는 회사가 하나뿐이라서 시장을 독차지하는 현상이에요. 한 회사가 시장을 독점하면 물건의 가격을 마음대로 정할 수 있기 때문에 소비자가 피해를 볼 수 있어요.

함께 알기

시장(3.24) · 과점(8.17)

예문 읽기

디즈니가 여러 영화사를 인수하면서 영화 산업을 독점할 수도 있다는 의견이 많다.

★★★

5월 May | 18 | 은행

단리

單홑 단 利이로울 리 · simple interest

원금에만 붙는 이자

원금 100만 원을 3년짜리 연이율 5%의 단리 정기 예금에 가입하면 1년 동안 이자는 5만 원이에요. 그리고 또 1년이 지나면 원금 100만 원의 5%인 5만 원의 이자가 붙고, 또 1년이 지나면 원금 100만 원의 5%인 5만 원의 이자가 붙어요. 그래서 3년 동안 받는 이자는 총 15만 원이 돼요.

함께 알기

퍼센트(3.29) · 원금(5.10) · 이자(5.11) · 복리(5.19)

예문 읽기

내가 가입한 정기 예금은 이자를 단리로 계산한다.

★★☆

8월
August

15

투자 / 기업

감사

監볼 감 査검사할 사 · inspection

감독하고 검사하는 것

회사의 직원들이 맡은 일을 제대로 하고 있는지 확인하는 것을 감사라고 해요. 회사의 돈과 관련된 일을 거짓 없이 잘 관리하고 있는지 확인하는 '회계 감사', 정부가 나랏일을 잘하고 있는지 확인하는 '국정 감사' 등이 있어요.

함께 알기

회계(8.9)

예문 읽기

감사를 통해 직원이 회삿돈 10억 원을 횡령한 사실을 발견했다.

복리

複겹칠 복 利이로울 리 · compound interest

원금과 그 이자에 모두 붙는 이자

원금 100만 원을 3년짜리 연이율 5%의 복리 정기 예금에 가입하면 1년 동안 이자는 5만 원이에요. 그리고 또 1년이 지나면 원금 100만 원과 이자 5만 원을 더한 105만 원의 5%인 5만 2,500원의 이자가 붙고, 또 1년이 지나면 110만 2,500원(100만 원+5만 원+5만 2,500원)의 5%인 5만 5,125원의 이자가 붙어요. 그래서 3년 동안 받는 이자는 총 15만 7,625원이 돼요. 복리는 단리보다 이자가 더 많아요.

함께 알기

퍼센트(3.29) · 원금(5.10) · 이자(5.11) · 단리(5.18)

예문 읽기

A은행에 금리가 높은 복리 예금 상품이 있어 바로 가입했다.

★★★

8월 August | 14 | 투자 / 기업

손익 분기점

損덜 손 益더할 익 分나눌 분 岐갈림길 기 點점 점 · break-even point

이익이 발생하기 시작하는 지점의 매출액

손해와 이익을 합쳐 '손익'이라고 해요. 영화를 만드는 데 10억 원이 들었다면 영화를 개봉해 벌어들인 돈이 10억 원보다 적으면 손해를 본 것이고 많으면 이익을 본 거예요. 이 경우에는 10억 원이 손익 분기점이에요.

함께 알기

손해(3.15) · 이익(3.16)

예문 읽기

그 영화는 개봉한 지 10일 만에 200만 명이 관람하면서 손익 분기점을 넘겼다.

★★☆

5월 May | 20 | 은행

기준 금리

基기초 기 準준할 준 金돈 금 利이로울 리 · base rate

중앙은행에서 정한 한 국가의 기준이 되는 금리

금리가 높으면 은행에 돈을 맡기는 사람들이 늘어나고 금리가 낮으면 줄어들어요. 반대로 금리가 높으면 은행에 돈을 빌리는 사람들이 줄어들고 금리가 낮으면 늘어나요. 이렇게 중요한 금리의 기준이 되는 것이 기준 금리예요. 우리나라의 기준 금리는 한국은행에서 결정하며 기준 금리가 바뀌면 일반 은행들도 예금이나 대출 금리를 조정해요.

함께 알기

금리(5.13) · 중앙은행(5.21)

예문 읽기

한국은행이 기준 금리를 올리면서 일반 은행들의 예금과 대출 금리도 오를 것으로 예상된다.

★★☆

8월 August | 13 | 투자 / 기업

인건비

人사람 인 件물건 건 費쓸 비 · personnel expenses

사람을 부리는 데 드는 비용

예를 들어 출판사를 운영하려면 직원에게 일한 대가로 주는 돈, 책을 만드는 데 드는 돈, 사무실을 빌리는 데 드는 돈, 사무 용품을 사는 데 드는 돈 등이 필요하고 전기나 가스 요금 등도 내야 해요. 회사의 이런 여러 비용 중 임금 같은 사람에게 드는 돈을 인건비라고 해요. 인건비는 회사에 고용된 직원의 수가 늘어날수록 많아져요.

함께 알기

비용(3.12) · 임금(4.16) · 고용(8.28)

예문 읽기

A햄버거 가게는 키오스크(무인 주문 기계)를 설치해 인건비를 절반으로 줄였다.

★★☆

5월 May | 21 | 은행

중앙은행

中가운데 중 央가운데 앙 銀화폐 은 行은행 행 · central bank

한 국가의 금융과 통화 정책의 주체가 되는 은행

중앙은행에서는 기준 금리를 조정해 한 국가 안에서 돌아다니는 통화량을 조절하고 화폐도 발행해요. 중앙은행은 일반 사람들은 이용할 수 없고 은행 같은 금융 기관이나 정부가 이용하는 은행입니다. 우리나라의 중앙은행은 '한국은행', 미국의 중앙은행은 '연방준비은행'이에요.

함께 알기

통화(1.25) · 통화량(1.26) · 기준 금리(5.20)

예문 읽기

중앙은행은 물가를 안정화하기 위해 기준 금리를 높이기로 했다.

★☆☆

8월 August

12

투자 / 기업

이윤

利이로울 이 潤윤택할 윤 · profit

사업이나 장사 등을 하고 남은 돈

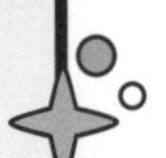

이윤은 매출에서 여러 비용을 모두 제외하고 남은 돈을 말해요. 어느 기업이 재화나 용역을 팔아 얻은 매출이 1,000만 원이고 비용으로 지출한 돈이 모두 400만 원이라면 600만 원이 이윤이에요. 이처럼 매출과 이윤은 의미가 달라요. 기업의 목표는 많은 이윤을 얻는 거예요.

함께 알기

비용(3.12) · 영리(7.5)

예문 읽기

A기업은 유통 과정을 단순화해 비용을 절감해서 많은 이윤을 남겼다.
기준 금리가 높아지면서 은행들이 예대 마진으로 엄청난 이윤을 얻었다.

통장

通통할 통 帳장부 장 · pass book

금융 기관에서 주고받은
돈의 상태를 적어주는 책

통장은 은행에서 돈을 맡긴 사람에게 얼마큼의 돈이 들어오고 나갔는지를 확인할 수 있게 만들어주는 책이에요. 통장을 만들려면 신분증과 도장을 가지고 은행을 방문해야 하며 미성년자의 경우에는 보호자와 함께 가야 해요. 도장이 없으면 서명을 할 수도 있어요.

함께 알기

계좌(5.23) · 계좌번호(5.24)

예문 읽기

통장을 보니 1년 동안 은행에 얼마를 저축했는지 알 수 있었다.

★★☆

8월 August

11

투자 / 기업

적자

赤붉을 적 字글자 자 · deficit

지출이 수입보다 많아 손해가 생기는 것

회사가 사업이나 투자를 해서 들어온 돈보다 나간 돈이 많아 손해가 생기는 것을 적자라고 하며 '적자가 났다'라고 표현해요. 옛날에는 손해가 생기면 공책에 빨간색으로 글자를 적었던 것이 오늘날에도 이어져 적자라고 불러요.

함께 알기

손해(3.15) · 흑자(8.10)

예문 읽기

지난달에 생긴 적자를 메우려면 이번 달은 지출을 줄여야 한다.

★☆☆

5월 May | 23 | 은행

계좌

計셀 계 座자리 좌 · account

금융 기관에서 예금이나
대출을 하는 사람에게 만들어주는 것

특정 인터넷 사이트를 이용하려면 회원 가입을 하고 계정(ID)을 만들어야 하는데요. 은행에 돈을 맡기거나 빌릴 때도 계정을 만들어야 해요. 이것을 계좌라고 합니다. 계좌는 한 은행에서 여러 개를 만들 수도 있고 여러 은행에서 만들 수도 있어요. 보통은 계좌를 만들면서 통장도 함께 만들어요.

함께 알기

통장(5.22) · 계좌번호(5.24)

예문 읽기

초등학생은 부모님과 함께 은행에 가야 계좌를 만들 수 있다.

★★☆

8월 August | 10 | 투자 / 기업

흑자

黑검을 흑 字글자 자 · surplus

수입이 지출보다 많아 이익이 생기는 것

회사가 사업이나 투자를 해서 들어온 돈이 나간 돈보다 많아 이익이 생기는 것을 흑자라고 하며 '흑자가 났다'라고 표현해요. 옛날에는 이익이 생기면 공책에 검정색으로 글자를 적었던 것이 오늘날에도 이어져 흑자라고 불러요.

함께 알기

이익(3.16) · 적자(8.11)

예문 읽기

우리나라의 반도체 수출이 늘어나 무역 흑자가 최대치를 기록했다.

★☆☆

5월 May | 24 | 은행

계좌번호

計셀 계 座자리 좌 番차례 번 號이름 호 · account number

금융 기관에서 계좌를 관리하기 위해
만들어주는 번호

계좌번호는 은행에서 계좌를 만들 때 각 계좌를 구분하고 관리하기 위해 만들어주는 번호예요. 보통 계좌번호는 계좌를 만드는 사람이 정할 수 없고 은행에서 정해줍니다. 통장에는 계좌를 만든 은행과 계좌번호가 적혀 있어요.

함께 알기

통장(5.22) · 계좌(5.23)

예문 읽기

철수가 알려준 은행과 계좌번호로 5만 원을 이체했다.

★★☆

8월 August | 9 | 투자 / 기업

회계

會모일 회 計셀 계 · accounting

나가고 들어오는 돈을 따져 계산하는 것

회사에서 일어나는 돈과 관련된 일을 회계라고 해요. 돈과 관련된 일이기 때문에 회사에 돈이 얼마나 들어오고 나갔는지, 엉뚱한 데 쓰이고 있지는 않은지, 계산은 제대로 되고 있는지 등을 꼼꼼히 관리하고 확인해야 해요.

함께 알기

감사(8.15)

예문 읽기

직원이 회계 관리를 제대로 하지 않아 회사가 큰 손해를 봤다.

★☆☆

5월 May | 25 | 은행

入들 입 金돈 금 · deposit

계좌에 돈을 넣는 것

입금은 은행에서 만든 계좌에 돈을 넣는 것을 말해요. 현금 2만 원을 본인 계좌에 입금하고 싶다면 현금과 통장을 가지고 은행을 방문하면 됩니다. 입금이 완료되면 입금한 금액과 날짜, 잔고가 통장에 기록돼요.

함께 알기

계좌(5.23) · 출금(5.26)

예문 읽기

8만 원이 들어있는 계좌에 2만 원을 입금해 잔고가 10만 원이 됐다.

★★★

8월 August | 8 | 투자 / 기업

재무제표

財재물 재 務힘쓸 무 諸모두 제 表겉 표 · financial statement

기업이 일정 기간 동안 경영한 전체 결과를 여러 수치로 작성한 보고서

재무제표는 쉽게 말해 주식회사가 보통 1년 단위로 돈을 얼마나 벌었고 썼는지, 재산과 부채는 얼마나 있는지 등을 정리한 주식회사의 가계부예요. '재무'는 돈과 재산에 관한 것, '제표'는 여러 가지 표를 말해요. 주식 투자를 하는 사람들은 재무제표를 보고 투자하려는 회사의 가치를 판단하기도 합니다.

함께 알기

주식회사(7.6)

예문 읽기

A기업의 재무제표를 보니 수년 동안 매출이 계속 줄어들었다는 것을 알 수 있었다.

★☆☆

5월 May | 26 | 은행

출금

出날출 金돈금 · withdraw

계좌에서 돈을 빼는 것

본인 계좌에서 3만 원을 출금하고 싶다면 통장과 통장을 만들 때 사용했던 도장, 신분증을 가지고 은행을 방문하면 돼요. 계좌의 예금주가 아닌 사람이 출금하는 것을 방지하기 위해 입금보다 출금이 더 복잡하고 금액에도 제한이 있어요. 출금이 완료되면 출금한 금액과 날짜, 잔고가 통장에 기록돼요.

함께 알기

계좌(5.23) · 입금(5.25) · 예금주(5.27)

예문 읽기

어머니 생신 선물을 사기 위해 계좌에서 돈을 출금했다.

인수 합병(M&A)

引끌 인 受받을 수 合합할 합 併아우를 병 · Mergers and Acquisitions

기업이 다른 기업을 합병하거나 매수하는 일

한 회사가 다른 회사를 사는 것을 '인수', 2개 이상의 회사가 합쳐지는 것을 '합병'이라고 해요. 인수 합병을 하면 두 회사가 하나가 돼요. 다른 회사의 기술을 얻기 위해서, 다른 회사를 통해 안전하게 새로운 사업을 시작하기 위해서 등 다양한 이유로 인수 합병을 해요.

예문 읽기

A기업은 B기업과 인수 합병을 해서 기업의 규모가 2배로 커졌다.

★★☆

5월 May | 27 | 은행

예금주

預맡길 예 金돈 금 主주인 주 · depositor

계좌의 주인이 되는 사람

만약 은행에서 내 이름으로 계좌를 만들었다면 그 계좌의 예금주는 나 자신이에요. 본인의 계좌나 통장은 예금주인 본인만 사용할 수 있어요. 본인 계좌에서 다른 사람의 계좌로 돈을 이체할 때는 계좌번호와 은행, 예금주를 정확히 물어보고 확인한 뒤 이체해야 해요.

함께 알기

계좌(5.23)

예문 읽기

계좌의 예금주가 아니면 돈을 출금하거나 이체할 수 없다.

★☆☆

8월 August | 6 | 투자 / 기업

창업

創시작할 창 業일 업 · foundation

사업이나 장사 등을 처음으로 시작하는 것

큰 조직을 만들어 회사 경영을 시작하는 것, 동네에 작은 가게를 열어 장사를 시작하는 것 모두 창업이에요. 이전에 없던 새로운 물건을 만들어 팔기도 하고, 이미 있는 물건이지만 새로운 브랜드를 만들어 팔기도 해요. 지금은 유명한 대기업들도 처음에는 창업을 한 회사들이었어요.

예문 읽기

삼성은 돌아가신 이병철 회장이 창업한 회사다.
학교 앞에 사람이 없는 무인 문구점을 새로 창업했다.

★☆☆

5월 May | 28 | 은행

이체

移옮길 이 替바꿀 체 · transfer

한 계좌에 들어있는 돈을 다른 계좌로 옮기는 것

본인 계좌에서 본인의 다른 계좌로 이체하기도 하고, 본인 계좌에서 다른 사람의 계좌로 이체하기도 해요. 이체를 하면 직접 만나지 않아도 돈을 주고받을 수 있어 편리합니다. 계좌에서 계좌로 이체하기 때문에 '계좌 이체'라고도 불러요. 계좌번호와 그 계좌번호를 사용하는 은행을 알면 돈을 이체할 수 있어요.

함께 알기

계좌(5.23) · 계좌번호(5.24)

예문 읽기

중고 게임기를 팔고 내 계좌로 돈을 이체받았다.

CEO

Chief Executive Officer

기업의 최고 의사 결정권자

규모가 작은 기업은 사장님이 직접 경영할 수 있지만, 규모가 클수록 기업을 경영하는 것은 훨씬 복잡하고 전문적인 지식이 필요해요. 그래서 기업 경영을 도맡아 해줄 수 있는 전문가를 고용하는데, 이 사람을 우리말로는 '최고 경영자', 영어로는 CEO라고 해요.

함께 알기

경영(8.4)

예문 읽기

CEO의 결정으로 A기업은 해외 투자를 확대하기로 했다.

★★☆

5월 May | 29 | 은행

자동 이체

自스스로 자 動움직일 동 移옮길 이 替바꿀 체 · standing order

일정한 날짜에 자동으로 한 계좌에서
다른 계좌로 돈을 옮기는 것

전기 요금, 가스 요금, 관리비 등 매달 고정 지출로 내야 하는 돈은 다양한데요. 매번 정해진 날짜에 맞춰 직접 이체하면 번거로울 수 있으므로 정해진 날짜에 자동으로 계좌에서 돈이 빠져나가도록 하는 자동 이체를 이용하면 편리합니다. 자동 이체는 은행에 한 번만 신청하면 돼요.

함께 알기

고정 지출(3.2) · 이체(5.28)

예문 읽기

매달 5일에 수도 요금을 내도록 은행에 자동 이체를 신청했다.

★☆☆

8월 August | 4 | 투자 / 기업

경영

經다스릴 경 營경영할 영 · management

기업이나 사업 등을 관리·운영하는 것

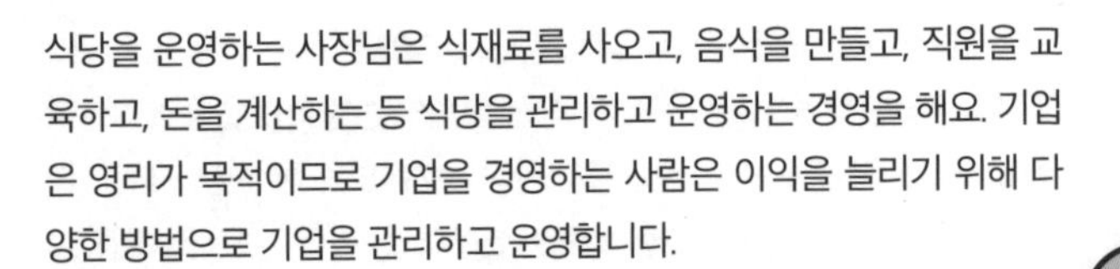

식당을 운영하는 사장님은 식재료를 사오고, 음식을 만들고, 직원을 교육하고, 돈을 계산하는 등 식당을 관리하고 운영하는 경영을 해요. 기업은 영리가 목적이므로 기업을 경영하는 사람은 이익을 늘리기 위해 다양한 방법으로 기업을 관리하고 운영합니다.

함께 알기

이익(3.16) · 영리(7.5)

예문 읽기

A기업은 고객 만족을 가장 큰 목표로 삼고 기업을 경영하고 있다.

★★☆

5월 May

30

은행

가상 계좌

假거짓 가 想생각 상 計셀 계 座자리 좌

임시로 사용할 수 있는 가상의 계좌

한꺼번에 많은 사람이 한 계좌로 돈을 이체하면 누가 얼마나 보냈는지 확인하는 데 오래 걸리고 관리하기가 어려워요. 그래서 공공 기관이나 온라인 쇼핑몰 등에서 돈을 이체받을 때 각각의 사람마다 돈을 보낼 수 있는 가상 계좌를 만들어 사용합니다. 임시로 만들어진 계좌이기 때문에 자유롭게 입금과 출금을 할 수 있는 다른 보통의 계좌와는 달라요.

함께 알기

계좌(5.23) · 이체(5.28)

예문 읽기

고지서에 적힌 가상 계좌로 가스 요금을 이체했다.

★★☆

8월 August | 3 | 투자 / 기업

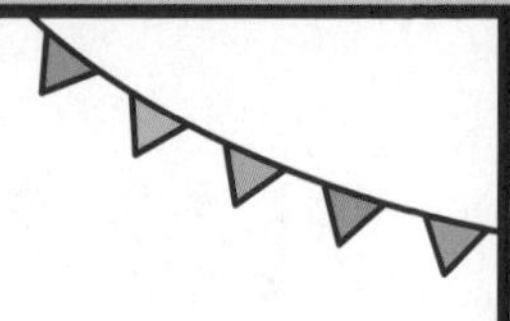

빅테크

big tech

규모가 큰 대형의 IT 기업

빅테크는 '구글', '메타', '아마존', '애플', '마이크로소프트' 같은 규모가 큰 정보기술IT(Information Technology) 기업을 말해요. 우리나라에는 '네이버'와 '카카오' 등의 기업이 있어요. 빅테크 기업은 온라인상에서 SNS, 검색, 쇼핑, 금융 등 다양한 서비스를 제공하는데요. 인터넷이 발달하고 휴대폰을 사용하는 사람이 많아지면서 정보기술을 바탕으로 온라인 사업을 하는 빅테크 기업들이 주목받고 있어요.

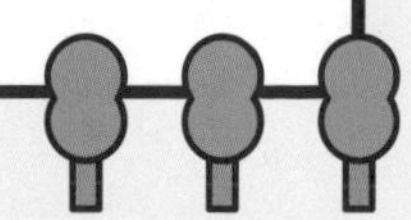

예문 읽기

세계 각국의 투자자들이 빅테크 기업의 성장 가능성을 보고 막대한 투자를 하고 있다.

★☆☆

5월 May | 31 | 은행

스쿨뱅킹

school banking

학교에 내야 하는 돈을 보호자의 계좌에서
학교 계좌로 자동 이체하는 것

학교생활을 하면 방과 후 수업료, 현장 체험 학습비 등 학교에 돈을 내야 하는 경우가 있어요. 예전에는 학생들이 신청서와 돈을 학교에 들고 와서 선생님에게 직접 냈지만, 요즘에는 부모님의 계좌에서 학교 계좌로 돈을 자동 이체하는 스쿨뱅킹을 이용해요.

함께 알기

계좌(5.23) · 자동 이체(5.29)

예문 읽기

스쿨뱅킹을 신청하기 위해 학교 행정실에 계좌번호를 알려줬다.

★★☆

8월
August

2

투자 / 기업

사회적 기업

社모일 사 會모일 회 的과녁 적 企꾀할 기 業일 업 · social enterprise

사회적 목적을 추구하며
재화나 용역을 생산·판매하는 기업

사회적 목적은 생활이 어려운 사람들에게 일자리나 서비스를 제공하는 등의 사회적으로 이로운 일을 하는 것을 말해요. 일반적인 기업은 영리가 목적이라면 사회적 기업은 사회적으로 이로운 일을 하는 것과 영리 2가지가 모두 목적이에요.

함께 알기

영리(7.5)

예문 읽기

A사회적 기업은 장애인을 고용해 그들이 생산한 제품을 판매한다.

5월 퀴즈

---

1. 금융감독원은 우리나라의 □□ □□ 을 검사하고 감독하는 정부 기관이다. (5.2)
2. 백화점에서 상품권으로 물건을 샀더니 점원이 남은 금액을 □□ 으로 거슬러 줬다. (5.4)
3. □□ □□ 를 생각 없이 쓰는 바람에 갚아야 할 카드비가 눈덩이처럼 불어났다. (5.8)
4. 은행에 예금한 □□ 이 클수록 더 많은 이자를 받을 수 있다. (5.10)
5. 은행에 대출 □□ 로 매달 10만 원을 내고 있다. (5.11)
6. A은행에서 □□□ 5%의 대출 상품이 나왔다. (5.14)
7. A은행에 금리가 높은 □□ 예금 상품이 있어 바로 가입했다. (5.19)
8. 한국은행이 □□ □□ 를 올리면서 일반 은행들의 예금과 대출 금리도 오를 것으로 예상된다. (5.20)
9. 초등학생은 부모님과 함께 은행에 가야 □□ 를 만들 수 있다. (5.23)
10. 중고 게임기를 팔고 내 계좌로 돈을 □□ 받았다. (5.28)

★★☆

8월
August

투자 / 기업

공기업

국가가 사회 공공의 행복과 이익을 위해 운영하는 기업

공기업은 국가적으로 필요한 사업을 운영하기 위해 정부나 지방자치단체의 돈으로 운영되는 기업이에요. 반대로 일반 사람이나 회사의 돈으로 운영되는 기업은 '사기업'이라고 해요. 공기업은 국민의 생활과 관계가 깊은 수도, 전기, 철도, 우편 관련 등의 일을 해요.

함께 알기

정부(2.8)

예문 읽기

한국수자원공사는 사람들이 사용하는 수돗물을 관리하는 공기업이다.

6월

은행

8월
투자/기업

★★☆

6월 June | 1 | 은행

스마트뱅킹

smart banking

스마트폰으로 금융 업무를 처리하는 것

인터넷뱅킹은 인터넷을 통해 입금, 출금, 이체 등의 금융 업무를 보는 것을 말해요. 그런데 기술이 발달하면서 컴퓨터로만 하던 인터넷뱅킹을 스마트폰으로도 할 수 있게 되면서 등장한 것이 스마트뱅킹이에요. 인터넷뱅킹이나 스마트뱅킹을 하려면 인증서가 필요해요.

함께 알기

인증서(6.5)

예문 읽기

스마트뱅킹으로 아파트 관리비 자동 이체를 신청했다.

7월 퀴즈

1. 주식 ▒ ▒ 는 돈을 벌 수도 있지만 잃을 수도 있으므로 항상 신중해야 한다. (7.1)

2. 그동안 투자한 주식의 ▒ ▒ ▒ 이 40%를 넘었다. (7.3)

3. 삼성전자, 네이버, SK하이닉스는 우리나라의 대표적인 ▒ ▒ ▒ ▒ 다. (7.6)

4. A회사의 주식을 사서 A회사의 ▒ ▒ 가 됐다. (7.8)

5. A회사의 주식 10주를 2,500원에 사서 3,000원에 ▒ ▒ 했다. (7.14)

6. A회사는 작년에 비해 매출이 크게 늘었다는 ▒ ▒ 가 있어 주가가 많이 올랐다. (7.20)

7. 국내 기업들의 수출이 늘어났다는 희소식으로 ▒ ▒ ▒ 가 크게 상승했다. (7.23)

8. 이번 기업 박람회에서는 ▒ ▒ ▒ ▒ 에서 개발한 청소기가 큰 주목을 받았다. (7.29)

9. A ▒ ▒ ▒ ▒ 에서 만든 애플리케이션이 사람들에게 인기를 끌고 있다. (7.30)

10. 맥도날드는 세계 곳곳에 매장을 둔 ▒ ▒ ▒ ▒ ▒ 이다. (7.31)

★☆☆

6월 June | 2 | 은행

잔고

殘남을 잔 高높을 고 · balance

계좌에 남아있는 금액

잔고는 계좌에 남아있는 돈의 액수예요. 100만 원이 들어있는 계좌에서 10만 원을 출금하면 90만 원이 잔고이고, 100만 원이 들어있는 계좌에서 30만 원을 출금하고 50만 원을 입금하면 120만 원이 잔고입니다. 잔고는 입금이나 출금, 이체를 하면 통장에 모두 기록돼요.

함께 알기

통장(5.22) · 계좌(5.23)

예문 읽기

10만 원을 출금한 뒤 통장 잔고를 확인해보니 20만 원이 남아있었다.

★★☆

7월 July | 31 | 투자 / 기업

다국적 기업

多많을 다 國나라 국 籍문서 적 企꾀할 기 業일 업 · multinational company

생산·판매 등을 기업의 국적을 넘어
세계적으로 하는 기업

세계 곳곳에 공장을 세우고 매장을 열어 재화나 용역을 만들고 판매하는 국제적인 기업을 다국적 기업 또는 '글로벌global 기업'이라고 해요. 다국적 기업의 제품은 세계에 유통되며 많은 사람이 사용해요. '맥도날드', '애플', '삼성', '코카콜라', '나이키' 등이 대표적인 다국적 기업이에요.

예문 읽기

맥도날드는 세계 곳곳에 매장을 둔 다국적 기업이다.

★★☆

6월 June | 3 | 은행

현금자동인출기(ATM)

現나타날 현 金돈 금 自스스로 자 動움직일 동 引끌 인 出날 출 機기계 기 · Automated Teller Machine

간단한 금융 업무를 자동으로 하는 기계

옛날에는 돈을 입금하거나 출금, 이체하려면 무조건 은행을 방문해 직원을 만나야 했어요. 그런데 기술이 발달해 현금자동인출기가 등장하면서 은행 직원을 만나지 않아도 간단한 금융 업무는 기계를 통해 처리하는 것이 가능해졌어요.

함께 알기

입금(5.25) · 출금(5.26) · 이체(5.28)

예문 읽기

현금자동인출기를 통해 계좌에서 현금 2만 원을 찾았다.

★★☆

7월 July | 30 | 투자 / 기업

스타트업

startup

혁신적인 재화나 용역을 생산·판매하는 신생 기업

스타트업은 새로 생겨난 지 얼마 되지 않은 신생 기업을 말해요. 이제 막 설립돼 기업의 규모는 작지만 기존에 없던 독창적이고 혁신적인 아이디어나 기술을 가지고 새로운 재화나 용역을 만들고 판매하죠. '애플'이나 '구글' 같은 기업들도 처음에는 스타트업으로 시작했어요.

예문 읽기

A스타트업에서 만든 애플리케이션이 사람들에게 인기를 끌고 있다.

수수료

手손 수 數셈 수 料값 료 · charge

어떤 일을 맡아 처리해준 대가로 지불하는 요금

공공 기관이나 기업, 은행 등 수수료를 받는 곳은 다양해요. 만약 누군가에게 돈을 전달하고 싶다면 은행에서 내 계좌를 만들어 그 사람의 계좌로 이체하면 직접 만나서 전달하지 않아도 되므로 편리하죠. 그리고 은행은 이체를 해준 대가로 고객에게 수수료를 받아요.

함께 알기

이체(5.28)

예문 읽기

외국에 있는 가족의 계좌로 돈을 이체하려면 수수료를 내야 한다.

★☆☆

7월 July | 29 | 투자 / 기업

중소기업

中가운데 중 小작을 소 企꾀할 기 業일 업 · small and medium-sized enterprise

자본금이나 직원 수 등의 규모가 대기업에 비해 작은 기업

대기업에 비해 규모가 중간이거나 작은 기업을 중소기업이라고 불러요. 중소기업은 규모가 크지 않기 때문에 자본금이나 일하는 사람 수 등 여러 가지가 대기업에 비해 작은 편이에요. 우리나라에서는 기업의 자산이 5,000억 원보다 많으면 중소기업이라고 부를 수 없어요.

함께 알기

자본(2.9) · 대기업(7.28)

예문 읽기

이번 기업 박람회에서는 중소기업에서 개발한 청소기가 큰 주목을 받았다.

★★☆

6월 June | 5 | 은행

인증서

認알 인 證증거 증 書책 서 · certificate

온라인으로 금융 업무를 처리할 때
본인임을 증명하기 위해 사용하는 증서

은행에서 만든 계좌는 예금주만 사용할 수 있어요. 그런데 요즘에는 은행을 직접 방문하기보다 컴퓨터나 휴대폰으로 금융 업무를 많이 처리하는데요. 이때 본인이 예금주임을 증명하는 것이 인증서예요. 눈에 보이지 않는 일종의 온라인상 디지털 신분증이라고 할 수 있어요.

함께 알기

예금주(5.27) · 스마트뱅킹(6.1)

예문 읽기

온라인으로 은행 업무를 보기 위해 인증서를 발급받았다.

★☆☆

7월 July | 28 | 투자 / 기업

대기업

大클 대 企꾀할 기 業일 업 · major company

자본금이나 직원 수 등의 규모가 큰 기업

기업 중 규모가 큰 기업을 '크다'라는 뜻을 담아 대기업이라고 불러요. 대기업은 규모가 크기 때문에 자본금도 많고 기업에서 일하는 사람 수도 많으며 국가 경제에 있어서도 중요한 역할을 해요.

함께 알기

자본(2.9) · 중소기업(7.29)

예문 읽기

삼성전자는 반도체 사업으로 세계적인 대기업으로 성장했다.

★★☆

6월 June | 6 | 은행

만기

滿찰 만 期기약할 기 · maturity

미리 정한 기한이 다 찬 상태

만기는 약속한 날짜가 다 됐음을 말해요. 은행에서 1월 1일에 1년짜리 정기 예금에 가입하면 다음 해 1월 1일이 만기일이에요. 만기가 되면 원금에 처음 약속했던 금리만큼의 이자를 더해 돌려받을 수 있어요. 보험에도 계약 기간의 만기가 있고 여권에도 사용 기간의 만기가 있어요.

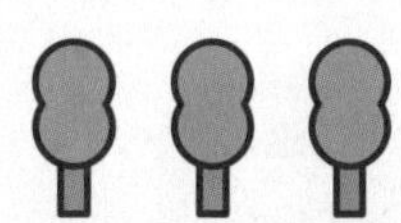

함께 알기

중도 해지(6.7)

예문 읽기

내가 가입한 정기 예금의 만기는 3년이다.
1년 동안 넣은 정기 적금이 만기되면 돌려받은 원리금으로 여행을 갈 예정이다.

기업

企 꾀할 기 業 일 업 · enterprise

영리를 목적으로 재화나 용역을 생산·판매하는 조직체

이익을 얻기 위해 재화나 용역을 만들고 판매하는 곳을 기업 또는 회사라고 해요. 기업은 돈을 벌기 위해 세워진 곳이에요. 좋은 제품을 만들어 팔아 이익을 얻고 그 이익으로 기업을 운영하고, 직원을 고용하고, 국가에 세금을 내고, 사람들에게 유익한 혜택을 제공하기도 하죠. 또한 기업은 경제 활동의 3주체(가계, 정부, 기업) 중 하나예요.

함께 알기

정부(2.8) · 이익(3.16) · 가계(3.25) · 영리(7.5)

예문 읽기

A기업은 미래의 새로운 사업 분야를 찾기 위해 노력하고 있다.
전 세계적인 경기 침체로 많은 기업이 경영에 어려움을 겪고 있다.

★★☆

6월
June

은행

중도 해지

中가운데 중 途길 도 解풀 해 止그칠 지 · early termination

만기가 되기 전에 계약한 내용을 없애는 것

중도 해지는 만기가 되기 전에 약속한 내용을 없애버리고 돈을 찾는 것을 말해요. 은행에서 1월 1일에 1년짜리 정기 예금에 가입하면 다음 해 1월 1일이 만기일인데, 그 전에 돈을 찾는 것이죠. 중도 해지를 하면 원금은 그대로 돌려받지만 처음 약속한 금리만큼의 이자는 받지 못하고 그보다 훨씬 적은 이자를 받아요.

함께 알기

만기(6.6)

예문 읽기

갑자기 돈이 필요해 만기가 되기 전에 정기 예금을 중도 해지했다.

★★★

7월 July | 26 | 투자 / 기업

우선주

優뛰어날 우 先먼저 선 株주식 주 · preferred stock

보통주에 비해 우선적 권리를 가지지만 주주 총회에서 의결권을 가지지 않는 주식

우선주는 보통주와 다르게 이익과 관련된 우선적인 권리를 가지는 주식이에요. 우선주는 주주 총회에서 회사의 중요한 내용을 결정할 때 투표는 할 수 없지만 보통주보다 배당금이 더 많아요. 또한 우선주는 '삼성전자우'처럼 대부분 주식 이름 끝에 '우'가 붙어요.

함께 알기

주식(7.7) · 주주 총회(7.9) · 배당(7.22) · 보통주(7.25)

예문 읽기

A회사 우선주의 배당금은 보통주보다 10% 정도 더 많다.

★☆☆

6월
June

8

은행

예금

預맡길 예 金돈 금 · deposit

금융 기관에 돈을 맡기는 것

은행에 정해진 금리에 따라 이자를 받고 돈을 맡기는 것을 예금이라고 해요. 예금한 금액이 클수록, 기간이 길수록 이자가 많아져요. 예금의 종류에는 보통 예금, 정기 예금, 정기 적금, 자유 적금 등이 있어요.

함께 알기

금융 기관(5.2) · 원금(5.10) · 이자(5.11)

예문 읽기

매달 월급을 받으면 절반을 은행에 예금하고 있다.

보통주

普넓을 보 通통할 통 株주식 주 · common stock

주주 총회에서 의결권을 가지는 주식

보통주는 가장 일반적인 주식으로, 주식 시장에서 거래되는 대부분의 주식은 보통주예요. 보통주를 갖고 있으면 주주 총회에서 회사의 중요한 내용을 결정할 때 투표를 할 수 있어요. 또한 보통주를 갖고 있으면 회사로부터 배당금을 받을 수 있어요.

함께 알기

주식(7.7) · 주주 총회(7.9) · 배당(7.22) · 우선주(7.26)

예문 읽기

A회사는 주주들에게 보통주 1주당 300원의 배당금을 주기로 결정했다.

★★☆

6월 June | 9 | 은행

보통 예금

普넓을 보 通통할 통 預맡길 예 金돈 금 · ordinary deposit

입금과 출금을 자유롭게 할 수 있는 예금

은행에서 사람들이 만드는 가장 일반적인 예금 계좌가 보통 예금 계좌예요. 보통 예금에 들어있는 돈은 자유롭게 입금, 출금, 이체할 수 있는 대신 정기 예금보다 금리가 낮아 이자가 적어요. 또한 보통 예금은 만기가 정해져 있지 않아요.

함께 알기

입금(5.25) · 출금(5.26) · 이체(5.28)

예문 읽기

생활비는 언제든 출금해 사용할 수 있도록 보통 예금에 넣어뒀다.

★★★

7월 July | 24 | 투자 / 기업

코스닥

KOSDAQ(Korea Securities Dealers Automated Quotation)

우리나라 주식 시장 중 하나

회사의 주식이 코스피 주식 시장에 상장돼 거래되기 위해서는 매출액 1,000억 원 이상, 발행한 주식 수가 100만 주 이상이어야 하는 등의 높은 기준을 만족해야 해요. 그래서 규모가 작은 중소기업 등이 상장돼 거래될 수 있도록 만든 주식 시장이 코스닥이에요.

함께 알기

주식(7.7) · 상장(7.10) · 코스피(7.23) · 중소기업(7.29)

예문 읽기

내가 투자한 게임 회사가 다음 달에 코스닥에 상장될 예정이다.

★★☆

6월 June | 10 | 은행

정기 예금

定정할 정 期기약할 기 預맡길 예 金돈 금 · fixed deposit

일정한 금액을 일정 기간 동안
금융 기관에 맡기고 찾지 않는 예금

정기 예금은 정해진 금액을 정해진 날까지 은행에 맡겨두는 예금이에요. 2024년 1월 1일에 1년짜리 정기 예금에 가입해 100만 원을 맡기면 1년이 지난 뒤 2025년 1월 1일 만기일에 원금과 이자를 돌려받을 수 있어요. 정기 예금은 보통 큰돈을 저축할 때 사용하는 방법이에요.

함께 알기

만기(6.6) · 보통 예금(6.9)

예문 읽기

설날에 받은 세뱃돈을 모아 1년짜리 정기 예금에 가입했다.

★★★

7월 July | 23 | 투자 / 기업

코스피

KOSPI(Korea Composite Stock Price Index)

상장된 회사의 주식 변동을 기준 시점과 비교 시점을 비교해 작성한 지표

코스피는 우리나라 주식 시장의 규모를 알 수 있는 숫자이자 우리나라 주식 시장 중 하나예요. 1980년 우리나라 주식 시장의 크기를 코스피 100으로 보고 그것을 기준으로 현재의 크기를 비교해 나타내요. 만약 현재 코스피가 3000이라는 것은 1980년과 비교해 주식 시장의 규모가 30배라는 의미예요.

함께 알기

주식(7.7) · 상장(7.10) · 코스닥(7.24)

예문 읽기

대한민국이 코스피 3000 시대를 맞이했다.
국내 기업들의 수출이 늘어났다는 희소식으로 코스피가 크게 상승했다.

★★☆

6월 June | 11 | 은행

정기 적금

定정할 정 期기약할 기 積쌓을 적 金돈 금 · installment savings

일정한 금액을 일정한 날짜에 일정 기간 동안 금융 기관에 맡기고 찾지 않는 예금

정기 적금은 정해진 날마다 정해진 금액을 정해진 기간 동안 은행에 맡겨두는 예금이에요. 2024년 1월 1일에 한 달에 10만 원씩 저축하는 1년짜리 정기 적금에 가입하면 1월 1일, 2월 1일, 3월 1일처럼 매달 정해진 날짜에 10만 원을 입금하고 2025년 1월 1일 만기일에 원금과 이자를 돌려받을 수 있어요.

함께 알기

만기(6.6) · 자유 적금(6.12)

예문 읽기

매달 1일이 되면 1,000원을 정기 적금에 넣어 저축하고 있다.

★★☆

7월 July | 22 | 투자 / 기업

배당

配나눌 배 當마땅 당 · dividend

주식회사가 이익의 일부를 현금이나 주식으로 주주들에게 나눠주는 것

배당은 주주들이 갖고 있는 주식 수만큼 받기 때문에 주식을 많이 갖고 있으면 배당을 많이 받고 주식을 적게 갖고 있으면 배당을 적게 받아요. 이때 배당으로 주는 돈을 '배당금'이라고 하며 회사마다 배당금의 액수는 모두 달라요.

함께 알기

이익(3.16) · 주식(7.7) · 주주(7.8)

예문 읽기

내가 주식을 갖고 있는 회사의 매출이 높아져 배당을 많이 받았다.

★★☆

6월 June | 12 | 은행

자유 적금

自스스로 자 由말미암을 유 積쌓을 적 金돈 금

금액과 횟수를 자유롭게 조정해 일정 기간 동안
금융 기관에 맡기고 찾지 않는 예금

자유 적금은 날짜나 횟수, 금액에 상관없이 정해진 기간 동안 은행에 돈을 맡겨두는 예금이에요. 2024년 1월 1일에 1년짜리 자유 적금에 가입하면 2월 3일에 10만 원, 3월 19일에 5만 원, 3월 28일에 8만 원 같은 식으로 자유롭게 입금하고 2025년 1월 1일 만기일에 원금과 이자를 돌려받을 수 있어요.

함께 알기

만기(6.6) · 정기 적금(6.11)

예문 읽기

용돈이 남을 때마다 수시로 자유 적금에 입금하고 있다.

★★☆

7월 July | 21 | 투자 / 기업

악재

惡악할 악 材재목 재

주가가 내리는 요인

한 회사의 주가가 내릴 만한 여러 정보나 상황 같은 좋지 않은 소식들을 악재라고 해요. 정보를 바탕으로 스스로 분석하고 판단해 주가가 내릴 만한 악재가 있을 때는 투자를 하지 않는 것이 좋아요.

함께 알기

주가(7.11) · 호재(7.20)

예문 읽기

A회사는 판매하는 물건이 잘 고장 난다는 소문의 악재 때문에 주가가 계속 떨어졌다.

★☆☆

6월 June | 13 | 은행

대출

貸빌릴 대 出날 출 · loan

돈이나 물건 등을 빌리거나 빌려주는 것

은행은 돈이 필요한 사람이나 기업에게 돈을 빌려주고, 돈을 빌린 사람은 그 대가로 은행에 이자를 내야 해요. 은행은 아무에게나 대출을 해주지 않으며 은행에서 정한 조건을 만족하는 사람에게만 대출해줍니다. 다른 사람에게 빌려서 갚아야 하는 돈은 '빚(부채)', 빌리거나 빌려주는 행위는 '대출'이라고 해요.

함께 알기

빚(4.21) · 담보(6.15) · 상환(6.16)

사업을 하기 위해 필요한 돈을 은행에서 대출받았다.

★★☆

7월 July | 20 | 투자 / 기업

호재

好좋을 호 材재목 재

주가가 오르는 요인

한 회사의 주가가 오를 만한 여러 정보나 상황 같은 좋은 소식들을 호재라고 해요. 정보를 바탕으로 스스로 분석하고 판단해 주가가 오를 만한 호재가 있을 때는 투자를 하는 것이 좋아요.

함께 알기

주가(7.11) · 악재(7.21)

예문 읽기

A회사는 작년에 비해 매출이 크게 늘었다는 호재가 있어 주가가 많이 올랐다.

★★★

6월 June | 14 | 은행

예대 마진

預맡길 예 貸빌릴 대 + margin · loan-deposit margin

예금 금리와 대출 금리의 차액

예대 마진은 은행에서 돈을 버는 대표적인 방법이에요. 사람들은 은행에 돈을 예금하고 은행은 이 돈을 다른 사람이나 기업에게 대출해주고 그 대가로 이자를 받아요. 은행은 그중 일부를 예금한 사람들에게 예금 이자로 내어 줍니다. 그런데 대출 금리는 항상 예금 금리보다 높아서 은행은 그 차이인 예대 마진만큼 돈을 벌어요.

함께 알기

금리(5.13) · 예금(6.8) · 대출(6.13)

예문 읽기

대출 금리가 높아지면서 은행들의 예대 마진이 크게 늘어났다.

★☆☆

7월 July | **19** | 투자 / 기업

저가

低낮을 저 價값 가 · low price

주식이나 물건 등의 낮은 가격

보통 하루 중 한 회사의 주가가 가장 낮았을 때 가격을 저가라고 해요. 하루 동안의 저가가 있고 1주일, 1개월, 1년 동안의 저가도 있어요. 이전에 정해진 적 없던 가격의 저가는 '새롭다'라는 뜻을 더해 '신新저가'라고 해요. 일상에서 저가는 비교적 가격이 싼 물건을 말해요.

함께 알기

주식(7.7) · 주가(7.11) · 고가(7.18)

예문 읽기

오늘 하루 중 가장 낮았던 저가로 A회사의 주식을 샀다.
B가게에는 저가인데도 품질이 괜찮은 가성비 좋은 제품이 많다.

6월
June

★★★
15

은행

담보

擔멜 담 保지킬 보 · security

약속의 징표로 내거는 것

은행에서는 빌려준 돈을 돌려받지 못하면 손해를 보게 되므로 믿을 만한 사람에게만 돈을 빌려주려고 해요. 그래서 대출을 받는 사람은 돈을 제때 잘 갚겠다는 약속의 의미로 본인의 예금이나 집, 신용 점수 등을 은행에 내걸어야 하는데, 이것을 담보라고 해요. 만약 돈을 제때 갚지 못하면 내걸었던 담보를 은행에서 가져갑니다.

함께 알기

대출(6.13)

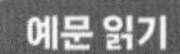

지금 살고 있는 집을 담보로 은행에서 대출을 받았다.

★☆☆

7월 July | **18** | 투자 / 기업

고가

高높을 고 價값 가 · high price

주식이나 물건 등의 높은 가격

보통 하루 중 한 회사의 주가가 가장 높았을 때 가격을 고가라고 해요. 하루 동안의 고가가 있고 1주일, 1개월, 1년 동안의 고가도 있어요. 이전에 정해진 적 없던 가격의 고가는 '새롭다'라는 뜻을 더해 '신新고가'라고 해요. 일상에서 고가는 비교적 가격이 비싼 물건을 말해요.

함께 알기

주식(7.7) · 주가(7.11) · 저가(7.19)

예문 읽기

오늘 A회사의 주가가 52주 동안 가장 높은 신고가를 기록했다.
B과일 가게에는 품질이 좋은 고가의 과일이 많다.

★★★

6월 June | 16 | 은행

상환

償갚을 상 還돌아올 환 · repayment

돈이나 물건 등을 갚거나 돌려주는 것

은행에서 대출을 받은 사람은 약속한 날짜에 약속한 금액을 갚아야 해요. 이때 빌린 돈을 갚는 것을 상환이라고 합니다. 빌린 돈을 제때 상환하지 않으면 돈을 추가로 더 내야 하거나 불이익을 얻을 수 있어요.

함께 알기

대출(6.13)

예문 읽기

A회사는 은행에서 빌린 부채를 상환하지 못해 부도 위기에 처했다.

★★☆

7월
July

17

투자 / 기업

하한가

下아래 하 限한정할 한 價값 가 · lower limit price

한 주식이 하루에 내릴 수 있는 최저 한도의 가격

하한가는 한 회사의 주식을 사고팔 때 하루 동안 가장 낮게 내려갈 수 있는 가격이에요. 주가가 한 번에 너무 내리는 것을 막기 위한 것으로, 우리나라에서는 전날 주가의 30%로 하한가를 정해뒀어요. 1주에 1,000원인 주가가 하루 동안 700원 아래로 내려갈 수 없는 것이죠.

함께 알기

주식(7.7) · 주가(7.11) · 상한가(7.16)

예문 읽기

A회사는 여러 악재 때문에 주가가 하한가를 기록하며 폭락했다.

연체

延끌 연 滯막힐 체 · in arrears

정한 기한에 약속을 지키지 못하고 지체하는 것

연체는 빌린 돈이나 물건을 정해진 날까지 갚거나 돌려주지 못하고 미루는 것을 말해요. 경제에서는 빌린 돈을 제때 갚지 않았을 때 연체라는 말을 자주 사용합니다. 은행에서 빌린 돈을 연체하면 그 대가로 '연체료'라는 요금을 추가로 내야 하며 신용 점수가 떨어질 수도 있어요.

함께 알기

신용 점수(6.20)

예문 읽기

대출 이자를 연체하지 않기 위해 자동 이체를 신청했다.
전기 요금을 계속 연체하고 내지 않아 집에 전기가 끊겼다.

★★☆

7월
July

16

투자 / 기업

상한가

上윗 상 限한정할 한 價값 가 · upper limit price

한 주식이 하루에 오를 수 있는 최고 한도의 가격

상한가는 한 회사의 주식을 사고팔 때 하루 동안 가장 높게 올라갈 수 있는 가격이에요. 주가가 한 번에 너무 오르는 것을 막기 위한 것으로, 우리나라에서는 전날 주가의 30%로 상한가를 정해뒀어요. 1주에 1,000원인 주가가 하루 동안 1,300원을 넘어 오를 수 없는 것이죠.

함께 알기

주식(7.7) · 주가(7.11) · 하한가(7.17)

예문 읽기

A회사의 주가가 이틀 연속으로 상한가를 기록하며 투자자들의 관심을 모았다.

★★☆

6월
June

18

은행

한도

限한정할 한 度법 도 · limit

수량이나 범위 등이 정해진 정도

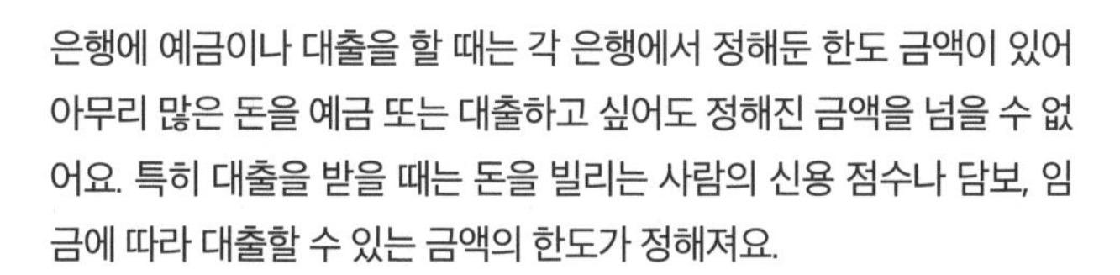
은행에 예금이나 대출을 할 때는 각 은행에서 정해둔 한도 금액이 있어 아무리 많은 돈을 예금 또는 대출하고 싶어도 정해진 금액을 넘을 수 없어요. 특히 대출을 받을 때는 돈을 빌리는 사람의 신용 점수나 담보, 임금에 따라 대출할 수 있는 금액의 한도가 정해져요.

함께 알기

임금(4.16) · 담보(6.15) · 신용 점수(6.20)

예문 읽기

은행에서 내 대출 한도를 조회해보니 최대 5,000만 원까지 받을 수 있었다.

★★☆

7월
July

15

투자 / 기업

호가

呼부를 호 價값 가 · asking price

팔거나 사려는 주식이나 물건 등의 가격을 부르는 것

호가는 특정 가격으로 주식을 사고 싶다고 말하는 거예요. 즉, 호가는 주식을 얼마의 가격에 사고 싶다고 말하는 것이지, 주식을 사고판 가격이 아니기 때문에 주가와는 달라요. 주식을 사려는 사람이 없으면 호가는 낮아지고 주식을 사려는 사람이 많으면 호가는 높아져요.

함께 알기

주식(7.7) · 주가(7.11)

예문 읽기

그는 A회사 주식의 호가를 낮췄지만 사려는 사람이 없었다.

★★★

6월 June | 19 | 은행

마이너스 통장(한도 대출)

overdraft

금융 기관이 정한 한도 안에서
일정한 금액을 수시로 빌려 쓸 수 있는 대출

한도 대출은 빌릴 수 있는 최대 금액을 정해두고 그 안에서 언제든 필요한 만큼 돈을 출금해 쓸 수 있는 대출이에요. 필요할 때 필요한 만큼 돈을 꺼내 쓰는 대출인 것이죠. 이때 통장 잔고의 숫자 앞에 마이너스 기호[-]가 붙어 마이너스 통장이라고도 불러요.

함께 알기

한도(6.18)

예문 읽기

마이너스 통장의 편리함 때문에 계획 없이 돈을 쓰다 보면 과소비를 할 수 있다.

★★☆

7월 July | 14 | 투자 / 기업

매도

賣팔 매 渡건널 도 · sell

값을 받고 주식이나 물건 등의 소유권을 다른 사람에게 넘겨주는 것

매도는 쉽게 말해 돈을 받고 주식을 파는 거예요. 주식을 매도하려는 사람이 많으면 주가는 내려가요. 또한 주식뿐만 아니라 돈을 받고 물건이나 부동산 등을 파는 것도 매도라고 해요.

함께 알기

주식(7.7) · 매수(7.13)

예문 읽기

A회사의 주식 10주를 2,500원에 사서 3,000원에 매도했다.

★★☆

6월 June | 20 | 은행

신용 점수

信믿을 신 用쓸 용 點점 점 數셈 수 · credit score

사람의 신용을 평가해 1점부터 1,000점까지 매기는 점수

신용 점수는 한 사람의 경제 활동이 얼마나 믿을 수 있는지, 그 사람의 신용을 점수로 나타낸 거예요. 우리나라에서는 1점부터 1,000점까지 점수를 매겨요. 보통은 은행에서 대출받은 돈을 제때 잘 갚으면 신용 점수가 올라가고 그렇지 않으면 떨어져요.

함께 알기

신용 불량자(6.21)

예문 읽기

신용 점수가 낮아 은행에서 대출을 거절당했다.

★★☆

7월
July

13

투자 / 기업

매수

買살 매 收거둘 수 · buy

값을 지불하고 주식이나 물건 등의 소유권을 다른 사람으로부터 넘겨받는 것

매수는 쉽게 말해 돈을 주고 주식을 사는 거예요. 주식을 매수하려는 사람이 많으면 주가는 올라가요. 또한 주식뿐만 아니라 돈을 주고 물건이나 부동산 등을 사는 것도 매수라고 해요.

함께 알기

주식(7.7) · 매도(7.14)

예문 읽기

2,500원에 매수한 주식을 3,000원에 매도해 이익을 봤다.

★★☆

6월 June | 21 | 은행

신용 불량자

信믿을 신 用쓸 용 不아닐 불 良어질 량 者사람 자 · credit delinquent

금융 거래 등에서 발생한 부채를 정당한 이유 없이 약속한 날까지 갚지 못한 사람

돈을 빌리고 제때 갚지 않으면 신용 점수가 떨어지는데, 그 정도가 심해지면 신용 불량자가 돼요. 신용 불량자는 은행에서 대출을 받을 수 없고 신용 카드도 만들 수 없는 등 금융 생활에 여러 제한이 생겨요. 우리나라에서는 100만 원 이상의 빚을 정당한 이유 없이 90일 이상 갚지 않으면 신용 불량자가 돼요.

함께 알기

신용 점수(6.20)

예문 읽기

신용 카드비를 제때 내지 못해 신용 불량자가 되는 사람이 있다.

시가 총액

時때 시 價값 가 總합할 총 額금액 액 · market capitalization

주식회사가 발행한 전체 주식 수에 현재의 주가를 곱한 금액

A주식회사가 주식을 100주 발행했고 현재 주가가 500원이라면 A주식회사의 시가 총액은 5만 원(100주×500원)이 돼요. 주식회사마다 발행한 주식 수도, 주가도 모두 다르며 주가가 높다고 회사의 규모가 무조건 큰 것은 아니에요.

함께 알기

주식(7.7) · 주가(7.11)

예문 읽기

우리나라에서 현재 시가 총액이 가장 큰 회사는 삼성전자다.

★★★

6월 June | 22 | 은행

예금자보호법

預맡길 예 金돈 금 者사람 자 保지킬 보 護도울 호 法법 법

금융 기관으로부터 예금을
돌려받지 못한 예금자를 보호하는 법

은행이 망해 맡긴 돈을 한 푼도 돌려받지 못할 수도 있다면 사람들은 은행에 돈을 맡기려 하지 않을 거예요. 그래서 정부에서는 사람들이 은행에 예금한 돈 중 정해진 금액까지는 책임지고 돌려주는 법을 만들었어요. 우리나라에서는 한 금융 기관당 원리금 5,000만 원까지 보호받을 수 있어요.

함께 알기

원리금(5.12)

예문 읽기

물가가 많이 올라 예금자보호법의 보호 금액을 1억 원으로 늘려야 한다는 의견이 많다.

★☆☆

7월 July | 11 | 투자 / 기업

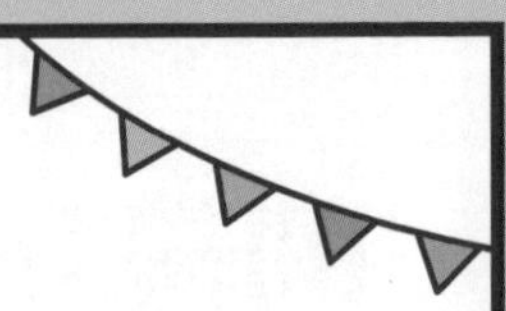

주가

株주식 주 價값 가 · stock price

주식의 가격

주식은 사고팔 수 있으며 이때 주식의 가격은 사고파는 사람이 정해요. 주가는 사람들이 주식을 얼마에 사고팔았는지를 나타내는 주식의 가격이에요. 어느 회사의 주식 1주를 5,000원에 사고팔았다면 그 회사의 주가는 5,000원이 돼요.

함께 알기

주식(7.7)

예문 읽기

경기가 불안정해 A회사의 주가도 올랐다 내렸다 변화가 심하다.

★★★

6월 June | 23 | 은행

금융실명제

金돈 금 融녹을 융 實진실 실 名이름 명 制지을 제

금융 거래를 할 때 실제 본인의 이름으로 거래하는 제도

우리나라의 모든 금융 거래는 거래하는 사람의 실제 이름으로 해야 해요. 이 제도가 생기기 전에는 실제 본인의 이름이 아닌 가짜 이름이나 별명 등으로 통장을 만들 수 있었어요. 그런데 다른 사람 이름으로 만든 통장이 범죄에 이용되는 문제가 발생했고, 이런 문제들을 예방하고자 정부에서는 금융실명제를 만들었어요.

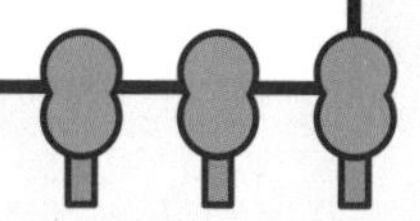

예문 읽기

금융실명제를 어기고 자신의 통장을 다른 사람에게 빌려주면 처벌을 받을 수 있다.

★★☆

7월 July | 10 | 투자 / 기업

상장

上윗 상 場마당 장 · go public

주식을 거래소에 일정한 자격이나 조건을 갖춘 거래 물건으로 등록하는 것

주식을 거래하는 곳에 주식을 사고팔 수 있도록 등록하는 것을 상장이라고 해요. 상장된 주식은 주식 계좌를 갖고 있는 사람이라면 누구나 거래할 수 있어요. 또한 상장된 회사가 망하는 등의 이유가 생기면 주식을 거래하는 곳에서 그 회사의 주식 거래 자격을 취소하는 '상장 폐지'를 해요.

함께 알기

주식(7.7)

예문 읽기

주식 시장에 새롭게 상장한 A회사의 주식이 투자자들의 관심을 끌고 있다.
B회사가 빌린 돈을 갚지 못해 파산하면서 주식이 상장 폐지됐다.

★★★

6월 June | 24 | 은행

포트폴리오

portfolio

여러 투자 대상에 나눠져 있는 자산의 구성

사람들마다 갖고 있는 자산의 형태는 다양한데요. A와 B가 똑같이 10억 원을 갖고 있어도 A는 예금 3억, 주식 5억, 현금 2억을 갖고 있고 B는 예금 5억, 부동산 5억을 갖고 있을 수 있어요. 이처럼 자산의 구성을 가리키는 말을 포트폴리오라고 해요.

함께 알기

투자(7.1)

예문 읽기

주식과 부동산에 고르게 나눠 포트폴리오를 만들었다.

★★☆

7월 July

9

투자 / 기업

주주 총회

株주식 주 主주인 주 總합할 총 會모일 회 · general meeting of stockholders

주주들이 모여 회사의 중요한 사항을 의논하고 결정하는 회의

주주 총회는 주주들이 회사의 중요한 내용을 의논하고 투표를 통해 결정하는 회의예요. 1년에 한 번씩 하는 정기 총회가 있고 중요하게 의논해야 할 내용이 있을 때 하는 임시 총회가 있어요. 어느 회사의 전체 주식 100주 중 한 사람이 60주를 갖고 있다면 주주 총회에서 그 한 사람이 60개의 투표권을 가진 거예요.

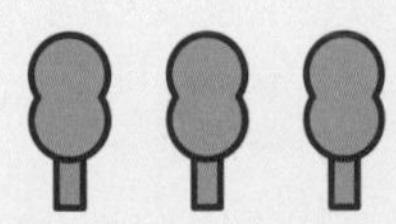

함께 알기

주식회사(7.6) · 주식(7.7) · 주주(7.8)

예문 읽기

이번 주주 총회에는 대주주뿐만 아니라 소액 주주도 많이 참석했다.

뱅크런

bank run

은행에서 많은 사람이 한꺼번에 돈을 출금하는 현상

사람들은 본인의 돈을 맡겨둔 은행이 빚이 많다거나 자금 사정이 좋지 않아 망할 수도 있다는 사실을 알면 불안해지기 시작해요. 그래서 거래하는 은행에 한꺼번에 몰려와 맡겨둔 돈을 찾아가려는 뱅크런이 발생할 수 있어요.

함께 알기

은행(5.1)

예문 읽기

A은행의 자금 사정이 좋지 않다는 뉴스가 보도되면서 뱅크런이 발생할 가능성이 커지고 있다.

★☆☆

7월 July | 8 | 투자 / 기업

주주

株주식 주 主주인 주 · stockholder

투자한 회사의 주식을 갖고 있는 사람이나 기업

주식회사의 주식을 갖고 있는 사람이나 기업을 '주식의 주인'이라는 의미로 주주라고 해요. 주주는 회사의 중요한 내용을 결정할 때 투표에 참여할 수 있어요. 또한 회사가 경영을 잘해서 큰 이익이 생기면 그 이익을 나눠받을 수 있어요.

함께 알기

주식회사(7.6) · 주식(7.7) · 주주 총회(7.9)

예문 읽기

A회사의 주식을 사서 A회사의 주주가 됐다.
테슬라의 주식을 가장 많이 갖고 있는 대주주는 일론 머스크다.

★☆☆

6월 June | 26 | 은행

환전

換바꿀 환 錢돈 전 · exchange

서로 종류가 다른 화폐와 화폐를 교환하는 것

—$—

국가마다 사용하는 돈(화폐)은 모두 다른데요. 그래서 우리나라 돈은 외국에 들고 가도 사용할 수가 없으므로 우리나라 돈을 다른 국가에서 사용하는 돈으로 바꾸는 환전을 해야 해요. 환전은 은행에서도 할 수 있고 환전을 전문으로 해주는 환전소에서도 할 수 있어요.

함께 알기

돈(1.13) · 환율(6.27)

예문 읽기

일본 여행을 가기 위해 100만 원을 엔화로 환전했다.

★☆☆

7월
July

7

투자 / 기업

주식

株주식 주 式법 식 · stock

투자를 받은 회사가 투자의 증거로 발행해주는 증서

주식은 회사가 투자자들에게 회사의 주인임을 표시해주는 증서예요. 어느 주식회사의 주식을 100주 갖고 있다면 100주만큼 그 회사 주인으로서의 권리를 가지는 거예요. 주식은 사고팔 수 있으며, 옛날에는 종이 형태의 주식을 거래했지만 오늘날에는 컴퓨터나 휴대폰을 이용해 온라인에서 주식을 거래해요.

함께 알기

주식회사(7.6)

예문 읽기

A회사는 주식을 발행해 여러 사람으로부터 투자를 받았다.

★☆☆

6월 June | 27 | 은행

환율

換바꿀 환 率비율 율 · exchange rate

자기 국가 화폐와 다른 국가 화폐의 교환 비율

환율은 환전을 할 때 얼마로 바꿀 수 있는지를 나타내는 숫자예요. '원달러 환율'은 우리나라 돈을 미국 돈 1달러로 바꾸려면 얼마가 필요한지를 나타내는 것으로, 만약 원달러 환율이 1,000원이라면 1달러를 1,000원으로 바꿀 수 있어요. 환율은 고정되지 않고 수시로 바뀌어요.

함께 알기

환전(6.26)

예문 읽기

달러 환율이 작년 이맘때보다 많이 떨어졌다.
최근 유로화 환율이 낮아져 유럽으로 여행을 가려고 생각 중이다.

★☆☆

7월 July | 6 | 투자 / 기업

주식회사

株주식 주 式법 식 會모일 회 社모일 사 · corporation

주식을 발행해 여러 사람으로부터 자본을 투자받는 회사

회사를 세우고 운영하려면 많은 돈이 필요해요. 그래서 주식을 발행해 사람이나 기업으로부터 투자를 받아 만들어진 회사를 주식회사라고 합니다. 회사 이름에 '○○(주)' 또는 '(주)○○'처럼 (주)가 적힌 회사는 주식회사를 의미하며 회사 이름에 (주)는 넣어도, 넣지 않아도 돼요.

함께 알기

주식(7.7)

예문 읽기

삼성전자, 네이버, SK하이닉스는 우리나라의 대표적인 주식회사다.

★☆☆

6월 June | 28 | 은행

외화

外바깥 외 貨재화 화 · foreign currency

외국의 돈

외화는 본래 다른 국가의 돈(화폐)을 말해요. 그런데 국가 간 거래에서는 기축 통화인 미국의 달러를 많이 사용하므로 외화는 주로 달러를 의미하는 경우가 많아요. 달러는 국가 간 무역 거래 등에 꼭 필요한 돈이기 때문에 정부에서는 충분한 외화를 보유하기 위해 노력해요.

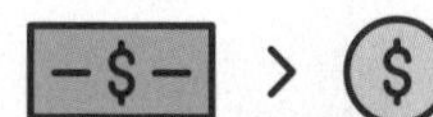

함께 알기

기축 통화(3.9)

예문 읽기

우리나라 영화와 드라마가 외국으로 수출되면서 외화를 벌어오는 데 효자 노릇을 했다.

영리

營경영할 영 利이로울 리 · profit

이익을 바라는 것

영리 활동은 이익을 얻고자 돈을 벌기 위한 행동으로, 기업의 가장 큰 목적은 영리를 추구하는 거예요. 반대로 돈을 벌기 위한 목적이 아닌 행동을 '비영리 활동'이라고 해요. 사람들에게 도움을 주기 위한 봉사 활동 등이 비영리 활동이에요.

함께 알기

기업(7.27)

예문 읽기

이번 나눔장터는 영리 목적이 아니므로 물건을 팔아 번 돈을 모두 기부할 예정이다.
그는 비영리 봉사 활동 단체를 운영하며 불우 이웃을 돕고 있다.

★★☆

6월 June | 29 | 은행

국제통화기금(IMF)

國나라 국 際즈음 제 通통할 통 貨재화 화 基기초 기 金돈 금
International Monetary Fund

세계 각국의 경제 발전을 위해 설립된 국제 금융 기관

한 국가가 보유한 외화가 부족해지면 경제 위기가 찾아올 수 있어요. 그래서 세계 여러 국가가 함께 외화를 모아두고 필요한 국가에게 빌려줘 그 국가의 경제적 안정을 돕는 기관이 국제통화기금이에요. 우리나라도 1997년 국제통화기금에서 외화를 빌린 적이 있어요.

함께 알기

외화(6.28) · 금융 위기(6.30)

예문 읽기

우리나라 국민들의 금 모으기 운동은 IMF 금융 위기를 이겨내는 데 큰 도움이 됐다.

★★☆

7월 July | 4 | 투자 / 기업

펀드

fund

투자 전문 기관이 일반 사람으로부터 돈을 모아 투자하는 금융 상품

일반 사람들은 어디에 투자해야 안전하게 높은 이익을 얻을 수 있는지 잘 모르는 경우가 많아요. 그래서 투자 전문 기관에 본인의 돈을 대신 투자해달라고 맡기고, 이런 사람들의 돈을 모아 투자 전문가가 투자하는 금융 상품을 펀드라고 해요. 그리고 이런 투자 전문가를 '펀드매니저'라고 불러요.

함께 알기

투자(7.1)

예문 읽기

작년에 펀드매니저를 통해 투자한 펀드에서 큰 이익을 봤다.

★☆☆

6월 June | 30 | 은행

금융 위기

金돈 금 融녹을 융 危위태할 위 機기계 기 · financial crisis

금융에서 시작된 경제 위기

우리나라는 1997년 국가가 보유한 외화(달러)가 부족해져 IMF 금융 위기를 겪은 적이 있어요. 금융 위기가 찾아오면 국가의 경기가 나빠지고 일자리를 잃는 사람이 많아져요. 2008년에는 미국에서 시작된 금융 위기가 전 세계로 퍼졌던 적도 있어요.

함께 알기

외화(6.28) · 국제통화기금(6.29)

예문 읽기

세계적인 금융 위기로 인해 우리나라 기업들도 매출에 피해를 입었다.

★★☆

7월
July

3

투자 / 기업

收거둘 수 益더할 익 率비율 률 · rate of return

수익의 비율

수익은 이익을 얻는 것을 말해요. 수익률은 투자한 돈 대비 수익으로 얻은 돈을 백분율로 나타낸 거예요. 1,000원을 투자했는데, 수익이 200원이라면 수익률은 20%가 돼요. 반대로 200원을 손해 봤다면 손해율이 20%가 되고 이것을 수익률로 나타내면 -20%예요.

함께 알기

이익(3.16) · 퍼센트(3.29)

예문 읽기

그동안 투자한 주식의 수익률이 40%를 넘었다.

6월 퀴즈

---

1. 10만 원을 출금한 뒤 통장 □□를 확인해보니 20만 원이 남아있었다. (6.2)
2. 내가 가입한 정기 예금의 □□는 3년이다. (6.6)
3. 설날에 받은 세뱃돈을 모아 1년짜리 □□ □□에 가입했다. (6.10)
4. 매달 1일이 되면 1,000원을 □□ □□에 넣어 저축하고 있다. (6.11)
5. 대출 금리가 높아지면서 은행들의 □□ □□이 크게 늘어났다. (6.14)
6. 은행에서 내 대출 □□를 조회해보니 최대 5,000만 원까지 받을 수 있었다. (6.18)
7. □□ □□가 낮아 은행에서 대출을 거절당했다. (6.20)
8. A은행의 자금 사정이 좋지 않다는 뉴스가 보도되면서 □□□이 발생할 가능성이 커지고 있다. (6.25)
9. 최근 유로화 □□이 낮아져 유럽으로 여행을 가려고 생각 중이다. (6.27)
10. 우리나라 영화와 드라마가 외국으로 수출되면서 □□를 벌어오는 데 효자 노릇을 했다. (6.28)

★★☆

7월
July

2

투자 / 기업

투기

投던질 투 機기계 기 · speculation

생산 활동과 상관없이 차익만 바라고 투자하는 것

투자와 투기는 이익을 얻기 위한 목적은 같아요. 그런데 투자는 투자하려는 대상의 가치를 보고 재화나 용역의 생산 활동에 기여하는 반면, 투기는 생산 활동과 상관없이 주식이나 부동산 등을 사고팔아 얻는 차익만 바라는 거예요. 투기는 경제 발전에 좋은 영향을 준다고 보기 어려워요.

함께 알기

투자(7.1)

예문 읽기

부동산 투기를 하는 사람이 많아지면서 부동산 가격이 비정상적으로 높아졌다.

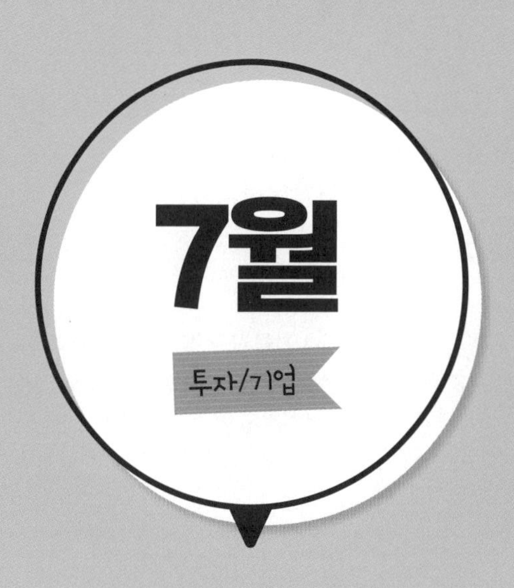
7월
투자/기업

★☆☆

7월
July

1

투자 / 기업

투자

投던질 투 資재물 자 · investment

이익을 얻기 위해 일이나 사업 등에 자본을 대거나 시간·정성 등을 쏟는 것

회사가 이익을 얻고자 돈과 시간을 쓰는 것, 직원을 채용해 임금을 주는 것 등도 모두 투자이며 본인의 자산을 늘리고자 주식 등을 사는 것도 투자예요. 투자는 저축보다 많은 돈을 벌 수도 있지만 그만큼 손해를 볼 가능성도 있어요.

함께 알기

손해(3.15) · 이익(3.16) · 저축(5.9)

예문 읽기

주식 투자는 돈을 벌 수도 있지만 잃을 수도 있으므로 항상 신중해야 한다.
정부는 농촌 경제를 활성화시키기 위해 농업 분야에 투자를 늘리고 있다.